Kseniya Garaschuk Andy Liu

クセニヤ・ガラシュク／アンディ・リュウ ［著］

山下登茂紀／藤沢 潤 ［訳］

レニングラード 数学オリンピアード

中学水準問題から数学探究へ

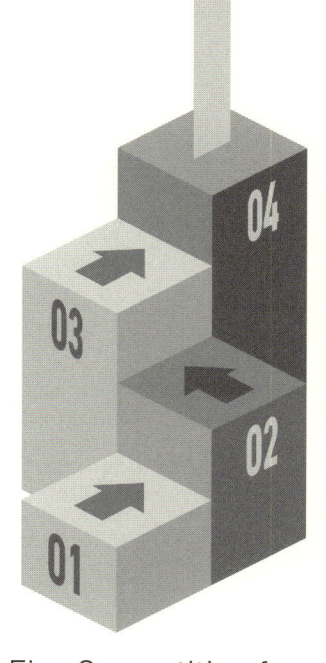

Grade Five Competition from
the Leningrad Mathematical Olympiad:
1979–1992

丸善出版

Springer

Grade Five Competition
from the Leningrad Mathematical Olympiad: 1979–1992

by

Kseniya Garaschuk and Andy Liu

First published in English under the title
Grade Five Competition from the Leningrad Mathematical Olympiad; 1979–1992
by Kseniya Garaschuk and Andrew Chiang-Fung Liu, edition: 1

まえがき

レニングラード数学オリンピアードは旧ソ連で最も古い数学コンテストである——1934 年の春に始まり，トビリシ数学オリンピアードよりも数ヶ月早く，またモスクワ数学オリンピアードより 1 年早い．

レニングラード数学オリンピアードは 3 段階のコンテストとして編成されていた．第 1 ラウンドは各学校で内々に行われるものであった．学校の先生はしばしばその選抜を省略し，熱心な学生に第 2 ラウンドに参加するように言い渡すだけのこともあった．それでも先生たちには，地元地区のインストラクターによって割り当てられた練習問題と選抜問題のリストが供給された．

第 2 ラウンドは地区レベルで行われる通常の記述式のコンテストであり，各地区のいくつかの場所で開かれた．地区の数は時とともに変化したが，1980 年代には 15 の地区があって，およそ 200,000 人の中高生が在籍していた．

毎年，これらの学生のうち約 10,000 人が，レニングラード数学オリンピアードの最初の 2 つのラウンドに参加していた．第 2 ラウンドの勝者は各学年 80 人〜150 人と非常に少なく，その勝者たちが全市レベルで行われる第 3 ラウンドに招待された．このコンテストは当時において，そして今日においても，次の 2 つの理由で独特なものである．

第一に，レニングラード数学オリンピアードで使用される問題の多くは，このコンテストのために特別に作成されたものである．ほぼすべての問題は他のコンテストでは使用されないし，既存の問題集からの借用もない．それは至難の業であり，作問委員に膨大な作業と工夫が要求される．

第二に，口述要素を含んでいることも独特である．それは口頭試問と言われることも多いが，厳密には正しくない．真の意味での口頭試問では，乗り越えがたい論理的・教育的な困難に直面する．

レニングラード数学オリンピアードにおいて，口述形式を採るのは**評価時**においてである．コンテストは，参加者が教室に集合して，古くから行われている様式をとり，開始される——問題用紙が各自に配られ，彼らは紙とペンで問題を解くのである．

参加者——例えばナターシャとしよう——は問題が解けたと思ったら手を挙げて，自身

の解答の評価を要求する．試験監督は彼女を教室の外に連れて行き，他の参加者の邪魔にならない場所に移動する．そこで，彼女は自身の答案を口頭で発表する．

　評価には ＋ または − が用いられる．評価が ＋ ならば，ナターシャはその問題に対して満点がもらえる．この時点でコンテストの制限時間が過ぎていなければ彼女は教室に戻ることができる．もし評価が − ならば同じ問題を解き続けてもよい．しかし，同じ問題に対する解答は 3 回までしか行えない．最終的に問題が解けた場合は，間違えた回数に応じて減点され，解いた問題の総数がコンテストの最終結果となる．

　このシステムはいわゆる**数学サークル**に着想を受けたものである．1930 年の初頭，レニングラードの大学の若い教授や学生によって，正課外の数学の非公式なセミナーが開かれていた．これらのセミナーはいくつかの大学の講義の通常の流れを模倣したもので，教授の説明や証明を学生たちが中断して質問することが認められ——実際は要求されている！——，講義の最中に簡単な，そして時には啓発的な意見交換を行うことを可能にしていた．私の知る限り，世界中のいかなる公式な数学コンテストにおいても，そして今も昔も，このシステムは採用されていない．

　この口述によるシステムは通常の筆記試験に対していくつか大きな利点がある．1 つ目は，単純なミスや書き間違いを簡単に修正できることである．2 つ目は，複数回の解答が許容されることである．3 つ目は，試験監督とのやり取りの中で学生がしばしば異なる考え方に導かれることである．欠点もいくつかある．その 1 つとして，試験監督も間違える可能性があることである．2 つ目は，このような規模で口頭発表させるのは物理的にかなり困難であることが挙げられる．実際，コンテストの当日は，中学生または高校生の 3 つの学年から 400 人以上の学生が参加する．このため，多くの部屋と補助者が必要となる．レニングラードにおいてはこの困難は，レニングラード州立大学——当時唯一の総合大学であった——とレニングラード教育研究所という 2 つの主要な大学からの多大な協力によって解決することができた．これらの大学はキャンパスと教室の利用を認めてくれたのである．

　当初のコンテストは，すべての参加者に共通する問題のセットを使って，高校生のみを対象に開催されていた．その後，学年別の方式が導入され，そのため，学年ごとに問題のセットが必要となった．もちろん，1 つの学年のセットは他の学年から「拝借する」ことができる．1950 年代の終わりには，6 年生から 10 年生まですべての学年に対して「独自の」コンテストが開催された．5 年生に対するコンテストは 1969 年まで待たなければならなかった．実は，5 年生に対するコンテストは数年の間，異なる組織に委託されて開催されていた．残念ながら，それらの記録は失われており，1979 年以前の問題のセットは保管されていない．

　現在のカナダの学校システムでは 12 学年あるのに対し，その当時のソ連の学校システムは 10 学年であった．したがって，我が国の 7 年生はソ連の 5 年生と同じである．しかし個人的には，我が国の 9 年生がこの 5 年生コンテストに参加すればよいのではないか

と思う.

　旧ソ連の 5 年生の生徒とは，かなり若齢である．そのレベルで，どのような有意義な問いができるだろうか？　この本をざっと見るだけで驚かされる．私たちは常に子供たちの知的能力をかなり尊重してきたが，彼らの想像力は無限なのだ．

　1990 年，ソ連の学校システムに 1 学年が追加された．私たちは取り扱う内容をソ連が崩壊した翌年である 1992 年までとすることにした．とりわけ，レニングラードは元々の名前であるサンクトペテルブルクに戻ったので，1992 年はよい区切りではないかと思う．したがって，1990 年から 1992 年については，5 年生コンテストと表題にあるものの，6 年生コンテストとなったものを紹介する．

　試験監督のために時間と労力を惜しみなく捧げた，レニングラードの高等教育機関の学部生と大学院生および教授たちに敬意を表する．彼らなしでは，レニングラード数学オリンピアードは成立しなかっただろう．そして何よりも，素晴らしいコンテスト問題の作問者の創造的な才能に感服する．残念ながら，記録は完全とは言い難い．私たちが持っている情報は以下の表の通りである．

作問者	コンテスト問題　（年/問題番号）
E. V. Abakumov	88.06
A. V. Bogomol'naya	88.01, 88.04
D. V. Fomin	84.05, 85.03, 88.02, 88.03, 89.02, 89.03, 89.04, 90.01, 90.02, 90.03, 90.05, 91.02, 91.03, 91.05, 91.06, 92.05
S. V. Fomin	80.03, 80.05, 82.01, 82.02, 82.04, 82.06, 83.03, 84.02, 85.01, 85.04, 85.05, 86.03, 86.06, 87.02, 87.04, 87.06
S. A. Genkin	84.01, 84.03, 84.06, 86.01, 86.02, 87.01, 87.05, 88.05, 89.01, 89.06
M. N. Gusarov	89.05
I. V. Itenberg	84.04, 90.04, 91.06
K. P. Kokhas	92.01, 91.01
F. L. Nazarov	90.06, 91.04, 92.04, 92.06
A. E. Perlin	92.02, 92.03

　このエリート集団の中で最も多作の作問者である Dmitri Fomin は，サンクトペテルブルク州立大学にいる間にロシア語で本を書いている．書籍『サンクトペテルブルク数学オリンピック』は 1994 年にサンクトペテルブルクの Politechnica 出版によって出版された．309 ページからなり，ISBN は 5-7325-0363-3 である．Dmitri はその後アメリカに移住して，現在ボストンの民間部門で働いている．彼は自身の本を英訳しようと準備を進め

ている．古き良き時代のレニングラード数学オリンピアードについての詳細を私たちに教えてくれたことに感謝する．

　ストックホルムの Paul Vaderlind はそのロシア語の本のコピーを私たちに提供してくれた．私たちは 5 年生コンテストを翻訳して，独自の解答を作成した．各章のタイトルは偉大なハンガリーの数学教育者である **George Pólya** の問題解決における有名な 4 つのステップから借用した．私たちの努力によって，すでに驚くべき遺産となっているものの価値がより高くなることを願っている．

　第 1 章でコンテスト問題を年代順に並べている．第 2 章では，3，4 問の関連する問題を 1 セットとして，83 問の問題を 26 個のセットに大まかに分類した．そして，各問題に対して，例題を与えた．それはコンテスト問題を単純にしただけのものもあるが，いずれにせよ，例題はその問題を解くのに手助けとなるように選んだ．第 3 章で，すべての問題に対する詳しい解答を与えた．第 4 章で，コンテスト問題の一般化およびそれらをもとにさらなる探究を行った．

　私たちは，この本の準備段階において非常に貴重な助言をしてくれたアルバータ大学の Vladimir Troitsky に感謝の意を示したい．そして，Springer Nature の Robinson dos Santos, Anne Comment, Jan Holland, Saveetha Balasundaram, Gomathi Mohanarangan, Jeffrey Taub の激励，助言，援助に対しても感謝している．

Kseniya Garaschuk,
Abbotsford, BC, Canada.
Andy Liu,
Edmonton, AB, Canada.
2020.

目　次

第1章　問題を理解する

I　1979

1. 2×3 の大きさの板チョコ 15 枚を 7×13 の大きさの箱に，1×1 の大きさの穴を残して箱詰めせよ．
2. ナターシャの蔵は 1979 年に，彼女が生まれた年の各桁の和と等しくなった．彼女の生まれた年は何年か？
3. 7×6 のチェス盤の 25 個のマスに駒が置かれている．3 つ以上の駒が置かれている，2×2 の大きさの盤の一部分（部分盤）が存在することを示せ．
4. 0 から 9 までの数が 1 つずつ書かれた 10 枚のカードがある．
   (a) 10 枚のカードからどの 3 枚を選んでも，3 桁以下の 3 の倍数を作れることを示せ．
   (b) 9 桁以下の 9 の倍数を常に作ることができるカードの最小枚数はいくつか？
5. あるクラスは 31 人の 2 年生と何人かの 3 年生からなる．教室には机が 19 脚あり，各机には 1 人もしくは 2 人の生徒が座っている．各少年はちょうど 3 人の少女と知り合いで，各少女はちょうど 2 人の少年と知り合いである．このクラスには全員で何人の生徒がいるか？

II　1980

1. 1 から 30 までの整数が書かれた 5×6 の表を作り，各行の 6 つの数の和が等しく，各列の 5 つの数の和も等しくなるようにできるか？
2. 23 人の生徒の年齢は 10, 11, 12, 13 歳のいずれかであり，各年齢の生徒は 1 人以上いる．彼らの年齢の合計は 253 歳である．もし 12 歳の生徒数が 13 歳の生徒数の 1.5 倍ならば，12 歳の生徒は何人いるだろうか？
3. 線分 AB 上に，200 個の点を AB の中点に関して対称的に配置する．それらの点のうち半分が赤，残り半分が青である．点 A から各赤点までの距離の総和が点 B から各青点までの距離の総和と等しいことを示せ．
4. 7 枚の本物のコインは同じ重さである．2 枚の偽コインも同じ重さである．偽コインは本物よりも重い．天秤ばかりを使って 4 回以下の測定で偽コインを決定せよ．
5. 正方形をいくつかの凸五角形に分割せよ．
6. どの 3 本の対角線も 1 点で交わらないような凸多角形上に，地下鉄の路線図がある．どの頂点上にも，またどの 2 本の対角線の交点上にも駅がある．電車は対角線に沿って端から端まで走っているが，必ずしもすべての対角線に沿って走っているわけでない．もしどの駅も 1 つ以上の電車の路線上にあるならば，2 回以下の乗り換えで，任意の駅から任意の他の駅に到達できることを示せ．

III　1981

1. アダムとベティが 3 点満点のテストを 54 回受けた．彼らの点数を確認したところ，アダムは，ベティが 2 点を取った同じ回数だけ 3 点を取り，ベティが 1 点を取った同じ回数だけ 2 点を取り，ベティが 0 点を取った同じ回数だけ 1 点を取った．彼らの平均点が同じでないことを示せ．
2. 1 から 9 までの数をちょうど 1 回ずつ使った 9 桁の数で，差が 1 であるどの 2 つの数の間にも奇数個の数があるものは存在するか？
3. 三角形の内部に 9 点を置き，三角形の 3 頂点と合わせた 12 点を考える．これら 12 点のうちいくつかのペアを交差のない線分で結ぶことによって，各点が他の 5 点と結ばれ，かつ元の三角形がいくつかの三角形に分割されるようにせよ．

4. 12×12 のチェス盤に駒を置いて，図 1 の形のどの箇所に対しても必ず駒が置かれているようにするために必要な最小の駒数はいくつか？

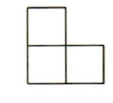

図 1

5. 正の整数で，その平方が 123456789 から始まるものは存在するか？

6. ある国では，1 ドル，2 ドル，5 ドル，10 ドルの 4 種類の紙幣がある．合計 400 ドルの紙幣の束からちょうど 300 ドルを払えることを示せ．

IV　1982

1. 6 桁の数が与えられている．7 桁の数で，その数から 1 桁を削除すると与えられた 6 桁の数になるものはいくつあるか？

2. バッタはまず初めに 1 cm 跳ぶ．そして，同じ向きか逆向きに 3 cm 跳ぶ．そして，同じ向きか逆向きに 5 cm 跳ぶ…　というように繰り返し跳び続ける．バッタは 25 回目のジャンプでスタート地点に戻ることができるか？

3. 5×5 のチェス盤の各マスが無作為に赤か青で塗られている．ある 2 行とある 2 列に対して，それらが交差する 4 つのマスがすべて同じ色となることを示せ．

4. 2 つの正の整数の和が 770 であるとき，これらの積が 770 で割り切れないことを示せ．

5. 立方体の辺に $1, 2, 3, \cdots, 12$ のラベルを付けて，6 つの各面の 4 つの辺のラベルの和が同じになるようにせよ．

6. アンナとボリスは 100 個の駒が積まれた山を使ってゲームをする．アンナが先手で，それ以降は交互に手を打つ．各手番において，プレイヤーは 2 つ以上の駒がある山を 2 つの山に分ける．各山がちょうど 1 つの駒となったとき，この操作ができなくなり，そのときに手番であるプレイヤーが負けとなる．このゲームではアンナが必ず勝つことを示せ．

V　1983

1. チェスの総当たり戦において，各参加者は自身以外の参加者全員とちょうど 1 回ずつ対戦する．参加者は勝つと 1 点を，引き分けると 1/2 点を，負けると 0 点を得る．30 人の参加者のうち，18 点以上の点数を取ることができるのは最大何人か？

2. 10×20 の大きさの板チョコ 10 枚が 20 個の三角形に分割されている．それらを正方形の箱にすき間なく詰めよ．

3. ベニー，デニー，ケニー，レニーはそれぞれ，常に嘘を言うか，もしくは常に真実を言う．ベニーが「デニーは嘘つきである」と言った．レニーが「ベニーは嘘つきである」と言った．ケニーが「ベニーとデニーはどちらも嘘つきである」と言った．さらにケニーは「レニーは嘘つきである」と言った．常に嘘を言うのは誰で，常に真実を言うのは誰か？

4. 円周上に並んだ 8 つの数から 1 人ゲームを始める．各数は 1 または -1 であり，それらは無作為に配置されている．各手番では，任意の連続する 3 つの数を -1 倍することができる．8 つのすべての数を 1 にできることを示せ．

5. ミュンヒハウゼン男爵はタイムマシンを持っていて，3 月 1 日から他の年の 11 月 1 日に，4 月 1 日から 12 月 1 日に，5 月 1 日から 1 月 1 日に，というように（他の年の 8 ヶ月後の日付に）移動できる．彼は移動したその日に再び移動することはできない（つまり，翌月以降の 1 日まで待つ必要がある）．男爵は，タイムトラベルを 4 月 1 日に開始して 4 月 1 日に終了して，「26 ヶ月間，旅に出ていた」と言った．彼が間違っていることを示せ．

6. 4 つの異なる 1 桁の数が与えられている．それらの数をちょうど 1 回ずつ使ってできる最大の 4 桁の数を作る．そして，それらの数をちょうど 1 回ずつ使ってできる最小の（0 から始まらない）4 桁の数を作る．これら 2 つの数の和が 10477 であったとき，与えられた 4 つの数はいくつであったか？

VI　1984

1. 400 桁の数 84198419⋯8419 の上からいくつかの桁と下からいくつかの桁を削除することで, 残った数の各桁の和を 1984 にできることを示せ.

2. 0 でない数が書かれた 4×4 の表を作り, そこに含まれるどの 2×2, 3×3, 4×4 の部分からなる表の四隅の数の和も 0 となるようにせよ.

3. 線分 AB を含む直線上に 45 点の印が付けられていて, そのどの点も線分 AB 上にない. これらの点からの A への距離の総和は B への距離の総和と等しくならないことを示せ.

4. 無限に広いチェス盤の各マスが 8 色のうちの 1 色で塗られている. 図 2 の形をしたものを置いて（回転や裏返ししてよい）, 同じ色の 2 つのマスを覆えることを示せ.

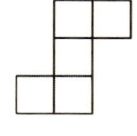

図 2

5. 図 3 で示したような, 各々に数字が書かれている 6 つの扇形に分割された円で 1 人ゲームを始める. 各手番では, 隣り合う 2 つの扇形を選び, そこに書かれた 2 つの数の両方に 1 を足すことができる. 6 つすべてを同じ数にできないことを示せ.

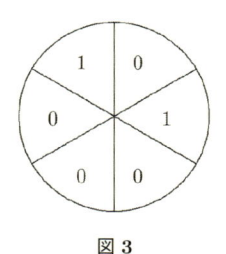

図 3

6. アンナとボリスは, 1 から 100 までの数が一列に順番に並んでいる状態からゲームを始める. アンナが先手で, それ以降は交互に手を打つ. 各手番において, プレイヤーは演算子 +, −, × のうち 1 つを, 演算子が間に入っていない 2 つの数の間に置き, 演算子を置くたびに計算する. 99 個の演算子を置いたあとの値が奇数ならアンナの勝ち, 偶数ならボリスの勝ちとする. アンナに必勝法があることを示せ.

VII　1985

1. 重さが異なる 68 枚のコインがある. 天秤ばかりでちょうど 100 回測って, 最も重いコインと最も軽いコインを見つけよ.

2. ある 45 桁の数は 1 個の 1, 2 個の 2, 3 個の 3, ⋯, 9 個の 9 からなる. この数はある整数の平方とはならないことを示せ.

3. いくつかの都市があり, どの 2 都市間の距離も異なる. ある旅人が, 自宅のある都市 A を出発して A から最も遠い都市 B に行った. 次に彼は B を出発して, B から最も遠い都市 C へ行った. これを繰り返す. もし C と A が異なる都市ならば, その旅人は決して自分の家に辿り着けないことを示せ.

4. 1000 個の数で, その和と積が等しくなるものを見つけよ. ただし, 同じ数を含んでいてもよい.

5. 300 足の靴のうち, 100 足はサイズが 8 で, 100 足はサイズ 9 で, 100 足はサイズ 10 である. そして, その 300 足のうち, 150 足が右の靴で, 150 足が左の靴である. 同じサイズの右の靴と左の靴のペアが 50 組以上あることを示せ.

6. 1 から 10 までの数字が書かれた 10 個の箱が無作為に 2 つの山に積まれている状態から 1 人ゲームを

始める．各手番では，一方のてっぺんからいくつかの箱を取って，それらをもう一方のてっぺんに置くことができる．19 手以内に，一番下が 1 で一番上が 10 となるように順番に積まれた 10 個の箱の山が作れることを示せ．

VIII 1986

1. 7, 8, 9, 4, 5, 6, 1, 2, 3 のカードがこの順に一列に並んでいる状態から 1 人ゲームを始める．各手番では，連続して並ぶカードを好きな枚数だけ取り，それらの順序を逆にして，元の場所に戻すことができる．カードを 1, 2, 3, 4, 5, 6, 7, 8, 9 の順に並べるための手順を示せ．
2. 標準のチェス盤上に 44 個のクイーンの駒がある．各クイーンに対して，少なくとも 1 個の他のクイーンが利き筋にあることを示せ．
3. a と b を $34a = 43b$ を満たす正の整数とする．$a + b$ が合成数であることを示せ．
4. 何枚かの同じ丸いコインをテーブル上に置いて，各コインがちょうど 3 枚の他のコインに触れるようにせよ．
5. 55 個の数が円周上に置かれていて，各数はその両隣の数の和である．このとき，それら 55 個の数はすべて 0 となることを示せ．
6. (a) 各桁が異なる 7 桁の数で，各桁の数で割り切れるものを求めよ．
   (b) この性質を持つ 8 桁の数は存在するか？

IX 1987

1. 図 4 の左の 4 × 4 の表から 1 人ゲームを始める．各手番では，任意の行のすべての数に 1 を足す，もしくは，任意の列のすべての数から 1 を引くことができる．どのように手を打てば，図 4 の右の表を得ることができるか？

1	2	3	4
5	6	7	8
9	10	11	12
13	14	15	16

1	5	9	13
2	6	10	14
3	7	11	15
4	8	12	16

図 4

2. ある国では，1 ドル，10 ドル，100 ドル，1000 ドルの 4 種類の紙幣がある．ちょうど 50 万枚の紙幣がちょうど 100 万ドルとなることがあるか？
3. 6 つの都市はそれぞれ，5 本の道路で他のすべての都市と結ばれている．道路の交差が 3 箇所だけで起こり，その各交差点ではちょうど 2 本の道路が交差するようにできることを示せ．ただし，都市での合流点は交差しているとは考えない．
4. ホットドッグの値段とハンバーガーの値段はどちらも整数のセントである．各少年がホットドッグを買って，各少女がハンバーガーを買ったときに全員が支払った合計額は，各少年がハンバーガーを買って，各少女がホットドッグを買ったときより 1 セント多い．少年の人数が少女の人数より多いとき，その差は何人か？
5. 000000 から 999999 までの 6 桁の数のうち，上 3 桁の和が下 3 桁の和と等しいものを**ラッキーナンバー**と呼ぶ．「ある大きさからなる連続する数の集合をどのように選んでもその集合にラッキーナンバーが必ず含まれる」ような集合の大きさの最小値はいくつか？
6. アンナとボリスは，9 × 9 のチェス盤上でゲームを行う．アンナが先手で，それ以降は交互に手を打つ．各手番において，アンナは空マスに赤の駒を置き，ボリスは空マスに青の駒を置く．チェス盤のマスがすべて埋まったとき，赤の駒が青の駒より多い行を赤行と呼び，そうでなければ青行と呼ぶ．赤列と青列も同様に定義する．アンナの得点は赤行と赤列の総数であり，ボリスの得点は青行と青列の総数である．アンナは最高で何点取ることができるか？

X 1988

1. 3×3 の表の各マスに 0 が入った状態から 1 人ゲームを始める. 各手番では, 4 つ存在する 2×2 の部分のうち 1 つを選び, そのすべての数に 1 を足すことができる. 図 5 の表を得ることはできるか?

4	9	5
10	18	12
6	13	7

図 5

2. 1 人の先生と 30 人の生徒がそれぞれ, 1 から 30 までの数が書かれた 30 枚のカードを 1 組ずつ持っている. 彼らは全員, 各々の 1 組の一番上のカードをめくる. 生徒のカードの数字が先生のカードの数字と一致したとき, 生徒は 1 点獲得する. すべてのカードをめくったあと, 各生徒は異なる点数を獲得した. 1 人の生徒が 30 点を獲得したことを示せ.

3. 1 から 100 までの正の整数を 1 行に並べ替えて, 隣り合うどの 2 数の差も 50 以上にすることはできるか?

4. 0 でない 2 つの整数で, 一方がそれらの和で割り切れ, もう一方がそれらの差で割り切れるものは存在するか?

5. 山積みの 1001 個の駒から 1 人ゲームを始める. 各手番において, 3 つ以上の駒からなる 1 つの山を選び, 1 つの駒を取り除き, 残りの駒を 2 つの山に分ける. ただし分けられた 2 つの山の駒の個数は等しくなくてもよい. 何回かの手番のあと, 残っている各山がちょうど 3 つの駒を含むようにできるか?

6. 8×8 のチェス盤の 64 個のすべてのマスが白である状態から 1 人ゲームを始める. 各手番では, 一番外側のマスからチェス盤に入り, 共通の辺を持つマスへの移動を繰り返したあと, 一番外側のマスからチェス盤の外に出ることができる. マスを訪れるたびに, 白いマスは黒に, 黒いマスは白に変化する. 普通のチェス盤のような市松模様を作ることができるか?

XI 1989

1. 5 年生, 6 年生, 7 年生, 8 年生, 9 年生, 10 年生に対するコンテストはそれぞれ 7 つの問題からなる. 各コンテストにおいて, ちょうど 4 つの問題が他のどの学年のコンテストにも出題されていない. これら 6 つのコンテストにおいて出題された問題のうち, 異なる問題の最大数はいくつか?

2. 000000 から 999999 までの 6 桁の数の中に, 上 3 桁の和が下 3 桁の和と等しい数は各桁の和が 27 である数と同数あることを示せ.

3. 鉄道模型のセットには, 図 6 に示した 2 種類の線路のパーツがある. それらはひっくり返すことができない. 2 つのパーツをつなげるとき, 一方の凸形の端はもう一方の凹形の端に合わせなければならない. このルールのもとで作った環状の線路を分解して, 1 つのパーツを他の種類の 1 つのパーツによって置き換えた. 上のルールに従ってそれらのパーツを再び組み立てて, 1 つの環状の線路にすることは不可能であることを示せ.

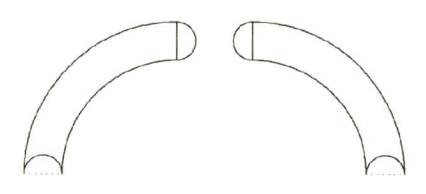

図 6

4. 重さが異なる 32 枚のコインがある. 天秤ばかりで 35 回測定して, 最も重いコインと 2 番目に重いコインを見つけよ.

5. 次の条件を満たす 2 つの 6 桁の数を求めよ: 一方の数をもう一方の数の後ろに書くことで得られる 12

桁の数が，それらの数の積によって割り切れる．

6. アンナとボリスは，10×10 のチェス盤上でゲームを行う．アンナが先手で，それ以降は交互に手を打つ．各手番において，プレイヤーは空マスに赤の駒か緑の駒を置く．縦，横，斜めの連続する 3 マスに同じ色の駒を並べたプレイヤーが勝ちとなる．どちらのプレイヤーに必勝法があるか？

XII 1990

1. ポーラは，自身のノートの中の 96 枚のシートに 1 ページごとに 1 から 192 まで順に番号を付けている．ニックが無作為に 25 枚のシートを切り取り，その 50 ページのページ数をすべて足した．その和が 1990 と等しくなることはないことを示せ．

2. 101 枚のコインのうち 100 枚が本物で，それらは同じ重さを持つ．偽コインの重さは本物のコインと異なる．偽コインが重いのか軽いのか，天秤ばかりで 2 回測定して決定せよ．どれが偽コインかを決定する必要はない．

3. 5×11 の大きさの板チョコ 39 枚を 39×55 の大きさの箱に詰めることができるか？

4. アンナとボリスは，黒板に書かれた 1234 という数からゲームを始める．アンナが先手で，それ以降は交互に手を打つ．各手番においてプレイヤーは，黒板の数から 0 でない桁を 1 つ選び，その数を黒板の数から引いたものを新しく黒板に書く．黒板の数を 0 にしたプレイヤーが勝者となる．アンナまたはボリスのどちらに必勝法があるか？

5. 3 人の学生が全部でちょうど 100 問の問題を解いた．各学生はちょうど 60 問解いた．彼らのうち 1 人だけが解いた問題は難しいと考えられ，全員が解いた問題は易しいと考えられる．難しい問題は易しい問題よりちょうど 20 問多いことを示せ．

6. あるクラブのどの少年に対しても，その少年と知り合いの少女は全員お互いに知り合いである．各少女は知り合いの少女より知り合いの少年の方が多い．このクラブの少年の人数は少女の人数以上であることを示せ．

XIII 1991

1. 工作の授業において 40 名の子供はそれぞれ，釘とナットとボルトを何個かずつ持っている．持っている釘とナットの個数が異なる子供が 15 人いて，持っているナットとボルトの個数が等しい子供が 10 人いる．持っている釘とボルトの個数が異なる子供が 15 人以上いることを示せ．

2. あるクラブには変わったルールがあり，子供たちには，ある 2 個のビー玉を別の 3 個のビー玉に交換することと，ある 3 個のビー玉を別の 2 個のビー玉に交換することが許されている．100 個の赤のビー玉から始めて，ちょうど 1991 個のビー玉を交換に出して，100 個の緑のビー玉で終わることができるか？

3. 4 人の少女 A，B，C，D が円形トラック上のある地点から同時にスタートして，一定の速さで走っている（全員が同じ速さとは限らない）．A と B は時計回り，C と D は反時計回りで走る．A が C と初めて出会ったとき，B と D も初めて出会った．A が B に初めて追いついたとき，D が C に初めて追いつくことを示せ．

4. ミュンヒハウゼン男爵は毎日，鴨を狩りに出掛ける．ある日，彼は「今日は，2 日前より多く，1 週間前より少ない鴨を持って帰る」と明言する．男爵は嘘をつくことなく，何日間連続でこれを言うことができるか？

5. アンナとボリスは，長さが 1 m の赤の棒，白の棒，青の棒でゲームをする．アンナは最初に，赤の棒を 3 つのピースに分ける．そして，ボリスは白の棒を 3 つのピースに分ける．最後に，アンナは青の棒を 3 つのピースに分ける．9 つのピースを使って，3 辺の色がすべて異なる三角形を 3 つ作れたとき，アンナが勝ちとなる．ボリスはアンナが勝つことを止められるか？

6. 引き分けのない総当たり戦において，9 チームのうちどの 2 チームもちょうど 1 回試合を行う．次の条件を満たす 2 チームが必ず存在するだろうか？：条件「他の各チームはその 2 チームの少なくとも一方に負けている．」

XIV 1992

1. 総当たり戦において，各参加者は自身以外の参加者全員とちょうど 1 回ずつ対戦する．参加者は勝つと 1 点を，引き分けると 0 点を，負けると −1 点を得る．総当たり戦が終わったとき，参加者の 1 人は 7 点で，別の 1 人は 20 点であった．少なくとも 1 回は引き分けの試合があったことを示せ．

2. 七角形の城において，7 つの各側面はまっすぐな壁であり，7 つの各角には監視塔がある．その監視塔に何人かの監視員が常駐している．各監視員は監視塔で交わる 2 つの壁の両方を監視する．各壁を 7 人以上の監視員によって監視するためには少なくとも何人の監視員が必要か？

3. アダムとベティは同い年である．アダムは今年の自分の歳に去年の自分の歳を掛けた．ベティは来年の自分の歳を 2 乗した．これら 2 つの答えの各桁の和は異なることを示せ．

4. フォードルはコインを集めている．彼のコレクションのどのコインも直径 10 cm 以下である．彼はすべてのコインを 30 cm × 70 cm の長方形の箱の中に重ならないように並べて配置して保管している．40 cm × 60 cm の別の長方形の箱の中に彼のコインをすべて収納できることを示せ．

5. 円周を 27 点によって 27 本の同じ長さの弧に分割する．27 点は白か黒である．どの 2 つの黒点も隣り合わず，どの 2 つの黒点の間にも 2 つ以上の白点が存在する．白点のうちの 3 つが正三角形の頂点となることを示せ．

6. 3 人の貨幣偽造者は整数単位の任意の額の紙幣を作れる．各人はそれぞれ合計 100 ドルの紙幣を作り，残りの 2 人のどちらにも 25 ドルまでの任意の金額を払うことができる（ただしおつりをもらうかもしれない[1]）．3 人が協力すると，第三者に対して 100 ドルから 200 ドルまでの任意の金額をちょうど払えることを示せ．

---

[1] 訳者注：例えば，33 ドルを渡して 8 ドルのおつりをもらうことで，25 ドルを払ったとみなす．

第2章　計画を立てる

A　差に関する問題

1. (1988-3)　1 から 100 までの正の整数を 1 行に並べ替えて，隣り合うどの 2 数の差も 50 以上にすることはできるか？

   例題：10 個の異なる整数が，隣り合うどの 2 数の差も 2 か 3 になるように円周上に並んでいる．もしその最小の数が 0 ならば，最大の数の最大値はいくつか？

   解答：もし最大の数が 0 の真向かいにあり，隣り合う 2 数の差がすべて 3 であるならば最大の数は $5 \times 3 = 15$ となる．しかし，このとき 10 個の数は異なる数とならない．よって，最大の数は 14 以下となる．0, 3, 6, 9, 12, 14, 11, 8, 5, 2 と並べれば最大の数を 14 とすることができる．

2. (1986-5)　55 個の数が円周上に置かれていて，各数はその両隣の数の和である．このとき，それら 55 個の数はすべて 0 となることを示せ．

   例題：12 個の数が円周上に置かれていて，各数はその両隣の数の和である．このとき，それら 12 個の数のすべてが必ず 0 となるだろうか？

   解答：そうとは限らない．円周上に $2, 1, -1, -2, -1, 1, 2, 1, -1, -2, -1, 1$ と並んでいるかも知れない．

3. (1990-5)　3 人の学生が全部でちょうど 100 問の問題を解いた．各学生はちょうど 60 問解いた．彼らのうち 1 人だけが解いた問題は難しいと考えられ，全員が解いた問題は易しいと考えられる．難しい問題は易しい問題よりちょうど 20 問多いことを示せ．

   例題：2 人の学生が全部でちょうど 100 問の問題を解いた．各学生はちょうど 60 問解いた．彼らのうち 1 人だけが解いた問題は難しいと考えられ，両方が解いた問題は易しいと考えられる．難しい問題の個数と易しい問題の個数の差はいくつだったか？

   解答：$2 \times 60 - 100 = 20$ なので，易しい問題は 20 問であり，難しい問題は $100 - 20 = 80$ 問であった．よって，その差は $80 - 20 = 60$ である．

4. (1991-3)　4 人の少女 A，B，C，D が円形トラック上のある地点から同時にスタートして，一定の速さで走っている（全員が同じ速さとは限らない）．A と B は時計回り，C と D は反時計回りで走る．A が C と初めて出会ったとき，B と D も初めて出会った．A が B に初めて追いついたとき，D が C に初めて追いつくことを示せ．

   例題：4 人の少年 A，B，C，D が距離 600 m の円形トラック上のある地点から同時にスタートする．A と B は時計回り，C と D は反時計回りで走る．彼らは異なる一定の速さで走っている．A は秒速 4 m，B は秒速 3 m，C は秒速 1 m であり，D の速さはわからない．A が C と初めて出会うとき，B

と D も初めて出会う．スタートから何秒後に，D が C に初めて追いつくか？

解答： A が C と初めて出会ったとき，彼らは合計の秒速 $4+1=5\,\mathrm{m}$ でちょうどトラック 1 周している．同じときに B は D と出会うので，D の速さは秒速 $5-3=2\,\mathrm{m}$ である．よって，D は 1 秒ごとに C を 1 m 引き離すことになる．トラックの距離は 600 m なので，D は C に初めて追いつくのに 600 秒かかる．

B　パリティ（偶奇性）

1. **(1990-1)** ポーラは，自身のノートの中の 96 枚のシートに 1 ページごとに 1 から 192 まで順に番号を付けている．ニックが無作為に 25 枚のシートを切り取り，その 50 ページのページ数をすべて足した．その和が 1990 と等しくなることはないことを示せ．

例題： ある両替機は故障していて，1 枚のニッケル硬貨を入れると 5 枚のペニー硬貨を返し，1 枚のペニー硬貨を入れると 5 枚のニッケル硬貨を返す．この両替機だけを使って，1 枚のペニー硬貨からスタートして，ペニー硬貨とニッケル硬貨の枚数を等しくすることができるか？

解答： 不可能である．硬貨の総枚数は最初は 1 枚，つまり奇数枚である．この総枚数はこの両替機を使うたびに 4 枚増加する．よって，総枚数は奇数のままである．しかし，ペニー硬貨とニッケル硬貨の枚数を等しくするためには総枚数は偶数でなければならない．

2. **(1982-2)** バッタはまず初めに 1cm 跳ぶ．そして，同じ向きか逆向きに 3cm 跳ぶ．そして，同じ向きか逆向きに 5cm 跳ぶ…　というように繰り返し跳び続ける．バッタは 25 回目のジャンプでスタート地点に戻ることができるか？

例題： バッタはまず初めに 2cm 跳ぶ．そして，同じ向きか逆向きに 4cm 跳ぶ．そして，同じ向きか逆向きに 6cm 跳ぶ…　というように繰り返し跳び続ける．バッタは 5 回目のジャンプでスタート地点に戻ることができるか？

解答： バッタは数直線上の原点からスタートして，1 回のジャンプで 2 進む．下の表はその後 3 回のジャンプで到達する場所を表している．

2 回目のジャンプ		-2		6	
3 回目のジャンプ	-8		4	0	12
4 回目のジャンプ	-16　0	-4　12		-8　8	4　20

バッタは -10 または 10 の位置にはおらず，5 回目のジャンプで原点に戻ることはできない．

3. **(1984-3)** 線分 AB を含む直線上に 45 点の印が付けられていて，そのどの点も線分 AB 上にない．これらの点からの A への距離の総和は B への距離の総和と等しくならないことを示せ．

例題： 1 から 12 までの番号が付けられた 12 軒の家が，ある通りの片側に等間隔に建っている．5 人の子供が 1 番の家に住んでいて，1 人の子供が 2 番に，1 人が 3 番に，4 人が 6 番に，2 人が 12 番の家に住んでいる．その 13 人の子供がどこかの家で集まることになった．どの家で会うと，子供たちの総移動距離が最小となるだろうか？

解答： 子供たちをその通りの両端から 2 人ずつ考える．最初の子供と最後の子供が移動した距離はその集合場所とは無関係に 1 番と 12 番の間の距離と等しい．同様にして，最初から 2 番目の子供と最後から 2 番目の子供の移動距離も一定である．以下，これを繰り返す．真ん中の子供は 3 番の家に住

| んでいるのでそこを集合場所にすべきである[1].

C 鳩の巣原理

1. (1985-5) 300 足の靴のうち，100 足はサイズが 8 で，100 足はサイズ 9 で，100 足はサイズ 10 である．そして，その 300 足のうち，150 足が右の靴で，150 足が左の靴である．同じサイズの右の靴と左の靴のペアが 50 組以上あることを示せ．

例題：200 足の靴のうち，120 足はサイズが 8 で，80 足はサイズ 9 である．そのうち，100 足が右の靴で，100 足が左の靴である．同じサイズの右の靴と左の靴のペアの最小数はいくつか？

解答：その最小数の同じサイズの靴のペアを除いて，ペアにならなかった靴を考える．その中で，1つのサイズはすべて右の靴であるか，すべて左の靴であるかどちらかである．もしサイズ 9 の 80 足の靴すべてが右の靴ならば，サイズ 8 のペアは 20 組しかない．サイズ 9 でペアにならない靴をこれ以上増やせないため，これが最小数となる．

2. (1979-3) 7×6 のチェス盤の 25 個のマスに駒が置かれている．3 つ以上の駒が置かれている，2×2 の大きさの盤の一部分（部分盤）が存在することを示せ．

例題：3×7 のチェス盤のマスに少なくとも何個の駒を置けば，3 つ以上の駒が置かれる 2×2 の部分盤が必ず存在するといえるか？

解答：チェス盤に 14 個の駒を一番上の行と一番下の行に置くと，求める 2×2 の部分盤が存在しない．チェス盤に 15 個の駒を置くとする．図 1 のように，一番下の行と一番右の列を残してチェス盤を 3 つの 2×2 の部分盤に分割する．3 つの 2×2 の部分盤がどれも 3 つ以上の駒を含んでいないとする．このとき，どの 2×2 の部分盤にも 2 つの駒が置かれていて，さらに，一番下の行と一番右の列にはすべてのマスに駒が置かれていないといけない．すると，影を付けた 2×2 の部分盤が 3 つ以上の駒を含む．

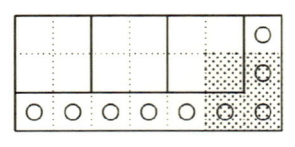

図 1

3. (1981-4) 12×12 のチェス盤に駒を置いて，図 2 の形のどの箇所に対しても必ず駒が置かれているようにするために必要な最小の駒数はいくつか？

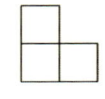

図 2

---

[1] 訳者注：この問題では，すべての家が一直線上にあった．発展問題として，木と呼ばれるグラフ上に家がある場合がある．また，平面上の 3 つの点に対して，それらの点からの距離の総和が最小となる点は，シュタイナー点として知られている．これらに関しては例えば，『文科系のための応用数学入門』（小林 みどり著，共立出版）第 6 章「集合場所問題」および第 8 章「最短道路網」を参照せよ．

例題： 12 × 12 のチェス盤に駒を置いて，どの同じ行または同じ列にある 3 つの隣接するマスに対しても必ず駒が置かれているようにするために必要な最小の駒数はいくつか？

解答： このチェス盤は 48 個の 1 × 3 の部分盤に分割できるので，各 1 × 3 の部分盤には 1 つ以上の駒が置かなければならない．図 3 が示すように，48 個の駒があれば十分である．

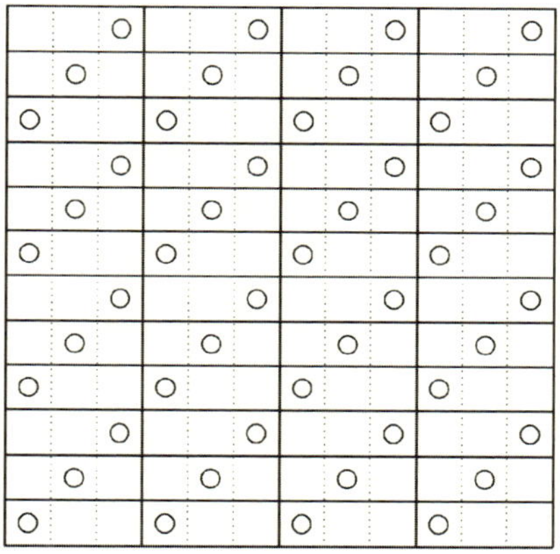

図 3

D　最大値最小値の原理と平均値の原理

1. (1988-2)　1 人の先生と 30 人の生徒がそれぞれ，1 から 30 までの数が書かれた 30 枚のカードを 1 組ずつ持っている．彼らは全員，各々の 1 組の一番上のカードをめくる．生徒のカードの数字が先生のカードの数字と一致したとき，生徒は 1 点獲得する．すべてのカードをめくったあと，各生徒は異なる点数を獲得した．1 人の生徒が 30 点を獲得したことを示せ．

   例題： 30 人の各生徒は，他の生徒のうち何人かと握手をした．握手をした人数が等しい 2 人の生徒がいることを示せ．

   解答： 各生徒が握手をした生徒の人数は 0 以上 29 以下の範囲である．背理法で示すために，握手をした人数が等しい 2 人の生徒がいないと仮定する．このとき，各生徒が握手をした人数は 0, 1, 2, $\cdots$, 29 である．しかし，もし生徒の 1 人が 0 人と握手をしたならば，どの生徒も 29 人と握手できない．よって，矛盾を得る．

2. (1982-3)　5 × 5 のチェス盤の各マスが無作為に赤か青で塗られている．ある 2 行とある 2 列に対して，それらが交差する 4 つのマスがすべて同じ色となることを示せ．

   例題： 3 × 4 のチェス盤のいくつかのマスに色を塗る．少なくとも何マス以上に色を塗れば，ある 2 行とある 2 列が必ず存在して，それらが交差する 4 つのマスすべてに色が塗られるといえるか？

解答：図4は7マスでは十分でないことを示している.
8マスに色を塗ったとする. ある列のマス3つすべてに色が塗ら
れていると仮定する. このとき, 2つ以上のマスに色が塗られた
別の列が少なくとも1つはあるので, 所望の結果を得る. どの
列にも色が塗られたマスがちょうど2つあると仮定する. その2
つのマスは1行目, 2行目, 3行目のうちのいずれか2つである.
その組合せは3つしかなく, 列は4つあるので, 鳩の巣原理から
所望の結果を得る.

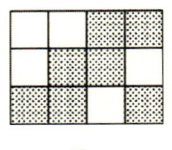

図4

3. (1984-4)　無限に広いチェス盤の各マスが8色のうちの1色で塗られ
ている. 図5の形をしたものを置いて（回転や裏返ししてよい）, 同じ
色の2つのマスを覆えることを示せ.

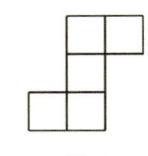

図5

例題：無限に広いチェス盤の各マスが3色のうちの1色で塗られている.
図6の形をしたものを置いて（回転や裏返ししてよい）, 同じ色の2つの
マスを覆えることを示せ.

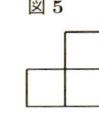

図6

解答：鳩の巣原理から, 2×2のチェス盤のうち2つのマスは同じ色にならなければならない. その2
つのマスが2×2のチェス盤のどの位置であっても, 図6の形をしたもので（必要であれば回転や裏
返しすることで）覆うことができる.

E　不　等　式

1. (1989-1)　5年生, 6年生, 7年生, 8年生, 9年生, 10年生に対するコンテストはそれぞれ7つの
問題からなる. 各コンテストにおいて, ちょうど4つの問題が他のどの学年のコンテストにも出題さ
れていない. これら6つのコンテストにおいて出題された問題のうち, 異なる問題の最大数はいくつ
か？

例題：5年生, 6年生, 7年生, 8年生, 9年生, 10年生に対するコンテストはそれぞれ7つの問題
からなる. 各コンテストにおいて, ちょうど4つの問題が他のどの学年のコンテストにも出題されて
いない. これら6つのコンテストにおいて出題された問題のうち, 異なる問題の最小数はいくつか？

解答：各コンテストにおいて（他学年と）重複していない問題は4つあり, 合わせて $6 \times 4 = 24$ 問の
異なる問題となる. 異なる問題の数を最小化するためには, 重複した問題は6つの学年すべてに出題
されていなければならず, 更なる3つの異なる問題となる. 合計 $24 + 3 = 27$ 問が求める値となる.

2. (1991-1)　工作の授業において40名の子供はそれぞれ, 釘とナットとボルトを何個かずつ持ってい
る. 持っている釘とナットの個数が異なる子供が15人いて, 持っているナットとボルトの個数が等し
い子供が10人いる. 持っている釘とボルトの個数が異なる子供が15人以上いることを示せ.

例題：工作の授業において40名の子供がそれぞれ, 釘とナットとボルトを何個かずつ持っている.
持っている釘とナットの個数が等しい子供が15人いて, 持っているナットとボルトの個数が等しい子
供が10人いる. 持っている釘とボルトの個数が等しい子供の最大人数は何人か？

解答：持っている釘とナットの個数が等しい子供が 15 人いて，持っているナットとボルトの個数が等しい子供が 10 人なので，持っている釘とボルトの個数が異なる子供が 5 人以上でなければならない．よって，持っている釘とボルトの個数が等しい子供の最大人数は 40 − 5 = 35 である．これは，次のようにすれば達成できる：10 人の子供がそれぞれ釘とナットとボルトを 1 つずつ持ち，25 人の子供がそれぞれ釘とボルトを 1 つずつ持ち，残りの子供がそれぞれ釘とナットを 1 つずつ持つ．

3. (1990-6)　あるクラブのどの少年に対しても，その少年と知り合いの少女は全員お互いに知り合いである．各少女は知り合いの少女より知り合いの少年の方が多い．このクラブの少年の人数は少女の人数以上であることを示せ．

例題：あるクラブに 20 人の少女がいて，彼女らは全員お互いに知り合いである．各少女は知り合いの少女より知り合いの少年の方が多い．そのクラブには少年が何人以上いるか？

解答：各少女は他の 19 人の少女に加え，それより多い人数の少年と知り合いであるので，そのクラブには 20 人以上の少年がいなければならない．

F　多対一対応

1. (1979-5)　あるクラスは 31 人の 2 年生と何人かの 3 年生からなる．教室には机が 19 脚あり，各机には 1 人もしくは 2 人の生徒が座っている．各少年はちょうど 3 人の少女と知り合いで，各少女はちょうど 2 人の少年と知り合いである．このクラスには全員で何人の生徒がいるか？

例題：セイウチが 5 つの牡蠣を食べるたびに，大工は 3 つの牡蠣を食べた[2]．彼らが食べた牡蠣の合計は 100 個より多く 110 個より少ない．彼らが食べた牡蠣の個数は何個になるか？

解答：食べた牡蠣の個数は 5 + 3 = 8 の倍数でなくてはならない．100 と 110 の間の 8 の倍数は 104 のみである．

2. (1980-2)　23 人の生徒の年齢は 10, 11, 12, 13 歳のいずれかであり，各年齢の生徒は 1 人以上いる．彼らの年齢の合計は 253 歳である．もし 12 歳の生徒数が 13 歳の生徒数の 1.5 倍ならば，12 歳の生徒は何人いるだろうか？

例題：チョコ，キャラメル，タフィーの 1 袋の値段はそれぞれ 2 ドル，3 ドル，4 ドルである．ケイトはこれらのお菓子を 20 ドル分買い，同じ袋数のキャラメルとタフィーを手に入れた．彼女は何袋のチョコを手に入れたのか？

解答：キャラメル 1 袋とタフィー 1 袋で 7 ドルになる．ケイトはこれらを同じ袋数買い，払った金額は 21 ドルより少ないので，彼女はキャラメルとタフィーに 7 ドルまたは 7 × 2 = 14 ドル払ったことになる．チョコ 1 袋の値段は偶数なので，キャラメルとタフィーに 14 ドル払い，残ったお金で (20 − 14) ÷ 2 = 3 袋のチョコを買ったはずである．

3. (1991-2)　あるクラブには変わったルールがあり，子供たちには，ある 2 個のビー玉を別の 3 個のビー玉に交換することと，ある 3 個のビー玉を別の 2 個のビー玉に交換することが許されている．100 個の赤のビー玉から始めて，ちょうど 1991 個のビー玉を交換に出して，100 個の緑のビー玉で終わることができるか？

---

[2] 訳者注：セイウチと大工と牡蠣は，ルイス・キャロルの本『鏡の国のアリス』の登場人物である．

例題：あるクラブには変わったルールがあり，子供たちには，ある 2 個のビー玉を別の 3 個のビー玉に交換することと，ある 3 個のビー玉を別の 2 個のビー玉に交換することが許されている．100 個の赤のビー玉から始めて 100 個の緑のビー玉で終わるために，交換に出さなければならないビー玉の最小個数はいくつか？

解答：100 個の赤のビー玉から始めて 0 個の赤のビー玉で終わるので，赤の 100 個はすべて手放さなければならない．この最小個数は，60 個の赤のビー玉を 40 個の緑のビー玉に交換して，残りの 40 個の赤のビー玉を 60 個の緑のビー玉に交換することで達成することができる．

G　算術的問題

1. **(1987-4)**　ホットドッグの値段とハンバーガーの値段はどちらも整数のセントである．各少年がホットドッグを買って，各少女がハンバーガーを買ったときに全員が支払った合計額は，各少年がハンバーガーを買って，各少女がホットドッグを買ったときより 1 セント多い．少年の人数が少女の人数より多いとき，その差は何人か？

   例題：ホットドッグの値段とハンバーガーの値段はどちらも整数のセントである．各少年がホットドッグを買って，各少女がハンバーガーを買ったときに全員が支払った合計額は，各少年がハンバーガーを買って，各少女がホットドッグを買うときより 5 セント多い．少年の人数が少女の人数より多いとき，その差はどれだけ大きくすることができるか？

   解答：支払った合計額の差は少年と少女の人数の差の倍数である．この差は 5 セントであるので，少年の人数は少女の人数より 1 人または 5 人多い．よって最大の差は 5 となる．

2. **(1981-1)**　アダムとベティが 3 点満点のテストを 54 回受けた．彼らの点数を確認したところ，アダムは，ベティが 2 点を取った同じ回数だけ 3 点を取り，ベティが 1 点を取った同じ回数だけ 2 点を取り，ベティが 0 点を取った同じ回数だけ 1 点を取った．彼らの平均点が同じでないことを示せ．

   例題：アダムとベティが 2 点満点のテストを 54 回受けた．彼らの点数を確認したところ，アダムはベティが 1 点取った同じ回数だけ 2 点を取り，ベティが 0 点取った同じ回数だけ 1 点を取った．彼らの平均点が同じである可能性はあるか？

   解答：それは可能である．2 人が 2，1，0 点をそれぞれ 18 回取ればよい．

3. **(1989-3)**　鉄道模型のセットには，図 7 に示した 2 種類の線路のパーツがある．それらはひっくり返すことができない．2 つのパーツをつなげるとき，一方の凸形の端はもう一方の凹形の端に合わせなければならない．このルールのもとで作った環状の線路を分解して，1 つのパーツを他の種類の 1 つのパーツによって置き換えた．上のルールに従ってそれらのパーツを再び組み立てて，1 つの環状の線路にすることは不可能であることを示せ．

   例題：鉄道模型のセットには，図 7 に示したような 2 種類の線路のパーツがある．それらはひっくり返すことができない．2 つのパーツをつなげるとき，一方の凸形の端はもう一方の凹形の端に合わせなければならない．このルールに従って，以下のパーツを組み立てて 1 つの環状の線路にすることは可能か？
   (a) 1 種類のパーツ 6 つともう 1 種類のパーツ 2 つ
   (b) 1 種類のパーツ 4 つともう 1 種類のパーツ 4 つ

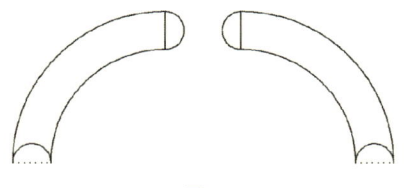

図 7

解答：

(a) 作り方を図 8 に示している．真ん中の 2 つのパーツは残りの 6 つのパーツとは異なる．

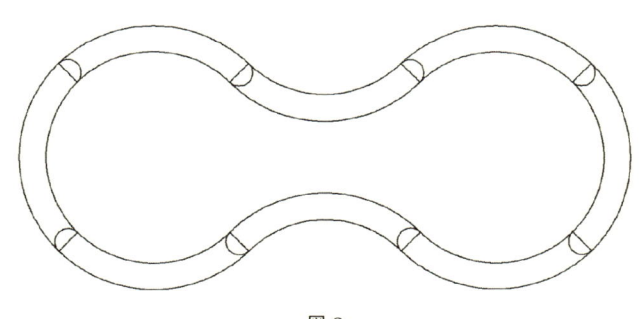

図 8

(b) 作ることはできない．最も単純な環状の線路は 1 種類の 4 つのパーツからなる．ここで，他の種類のパーツを追加せずに同じ種類のパーツを追加することは不可能である．しかし，他の種類のパーツを追加するごとに，元の種類のパーツを追加して，ずれを補正しなければならない．したがって，2 種類のパーツの個数の差はちょうど 4 となるはずである．

H 整除問題

1. (1986-3) a と b を $34a = 43b$ を満たす正の整数とする．$a + b$ が合成数であることを示せ．

例題：a と b を $12a = 21b$ を満たす正の整数とする．$a + b$ は常に合成数となるか？

解答：そうではないことがある．$a = 7$，$b = 4$ とすると，$a + b = 11$ は素数となる．

2. (1982-4) 2 つの正の整数の和が 770 であるとき，これらの積が 770 で割り切れないことを示せ．

例題：2 つの正の整数の和が 30 であるとき，これらの積が 30 で割り切れないことを示せ．

解答：背理法で示す．積が 30 で割り切れるとする．和が $30 = 2 \times 3 \times 5$ であるので，2 つの整数は両方とも 2 の倍数か，または両方とも 2 の倍数でないかのいずれかである．積は 2 で割り切れるので，2 つの数は両方とも 2 の倍数である．同様に，2 つの数は両方とも 3 の倍数であり，5 の倍数である．よって，どちらも 30 以上となり，それらの和が 30 となりえない．

3. (1985-4) 1000 個の数で，その和と積が等しくなるものを見つけよ．ただし，同じ数を含んでいても

よい.

例題：10 個の数で，その和と積が等しくなるものを見つけよ．ただし，同じ数を含んでいてもよい.

解答：10 未満の最大数である 9 を因数分解すると，$9 = 3 \times 3$ となる．このとき，$4 \times 4 - (4 + 4) = (4 - 1) \times (4 - 1) - 1 = 8$ である．10 個の数として，2 個の 4 と 8 個の 1 を考えると，これらの数は和も積もどちらも 16 である[3].

4. (1988-4)　0 でない 2 つの整数で，一方がそれらの和で割り切れ，もう一方がそれらの差で割り切れるものは存在するか？

例題：0 でない 2 つの整数で，いずれもそれらの和で割り切れるものは存在するか？

解答：そのような 0 でない整数のペアとして 4 と -2 がある．それらの和は 2 であり，両方の数を割り切る.

I　桁に関する問題

1. (1982-1)　6 桁の数が与えられている．7 桁の数で，その数から 1 桁を削除すると与えられた 6 桁の数になるものはいくつあるか？

例題：5 桁の数で，その数から 1 桁を削除すると 1233 になるものはいくつあるか？

解答：削除した桁が一番上の桁であるとすると，その数は $11233, 21233, \cdots, 91233$ である．上から 2 つ目の桁であるとすると，その数は $10233, 11233, \cdots, 19233$ である．上から 3 つ目の桁であるとすると，その数は $12033, 12133, \cdots, 12933$ である．上から 4 つ目の桁であるとすると，その数は $12303, 12313, \cdots, 12393$ である．一番下の桁であるとすると，その数は $12330, 12331, \cdots, 12339$ である．11233 と 12233 が 2 回現れて，12333 が 3 回現れることに注意せよ．全部で $9 + 10 \times 4 - (1 + 1 + 2) = 45$ 個となる.

2. (1984-1)　400 桁の数 $84198419\cdots8419$ の上からいくつかの桁と下からいくつかの桁を削除することで，残った数の各桁の和を 1984 にできることを示せ.

例題：400 桁の数 $84198419\cdots8419$ の上からいくつかの桁と下からいくつかの桁を削除することで，残った数の各桁の和を 84 にできることを示せ.

解答：8419 の桁の和は 22 である．12 桁の数 198419841984 の桁の和は 66 である．この和を 18 大きくする必要がある．よって，元の数から最初の 2 桁 84 を削除して，続く 15 桁 198419841984198 を残せばよい.

3. (1979-2)　ナターシャの歳は 1979 年に，彼女が生まれた年の各桁の和と等しくなった．彼女の生まれた年は何年か？

---

[3] 訳者注：ここでは，$a + b + \underbrace{1 + 1 + \cdots + 1}_{8\ \text{個}} = a \times b \times \underbrace{1 \times 1 \times \cdots \times 1}_{8\ \text{個}}$ となる a と b を求めている．この式は，$(a - 1)(b - 1) = 9$ と変形できることから，9 を因数分解した．因数分解として $9 = 9 \times 1$ とすると，$10, 2, 1, 1, 1, 1, 1, 1, 1, 1$ が解答となる.

例題：ナターシャの歳は 978 年に，彼女が生まれた年の各桁の和と等しくなった．彼女の生まれた年は何年か？

解答：各桁の和の最大は $9 + 9 + 9 = 27$ であるので，ナターシャは 27 歳以下である．彼女が y 年に生まれたとして，その各桁の和を x とする．このとき，$978 - y = x$ つまり $x + y = 978$ である．$x \equiv y \pmod 9$ であることに注意せよ．よって，$2x \equiv 6 \pmod 9$ つまり $x \equiv 3 \pmod 9$ である．$x \leq 27$ なので，$x = 3, 12$ もしくは 21 となる．もし $x = 3$ ならば，$y = 978 - 3 = 975$ である．もし $x = 12$ ならば，$y = 978 - 12 = 966$ である．どちらの場合も，各桁の和が x と等しくない．もし $x = 21$ ならば，$y = 978 - 21 = 957$ となり，各桁の和は x と等しい．したがって，ナターシャは 957 年に生まれた[4]．

J 整除性の判定法

1. (1986-6)
   (a) 各桁が異なる 7 桁の数で，各桁の数で割り切れるものを求めよ．
   (b) この性質を持つ 8 桁の数は存在するか？

   例題：以下の条件を満たす数が各桁の数で割り切れることはありえるか？
   (a) 1 個の 1，1 個の 2，1 個の 3，1 個の 4，1 個の 5 からなる数
   (b) 1 個の 1，1 個の 2，1 個の 3，1 個の 4 からなる数
   (c) 1 個の 1，1 個の 2，1 個の 3 からなる数

   解答：(a) ありえない．5 で割り切れるためには，最後の桁は 5 でなければならない．すると，その数は 2 では割り切れない．
   (b) ありえない．各桁の和 $1 + 2 + 3 + 4 = 10$ は 3 で割り切れないため，その数は 3 で割り切れない．
   (c) ありえる．その数は 2 で終わらなければならないが，132 または 312 かも知れない．

2. (1979-4) 0 から 9 までの数が 1 つずつ書かれた 10 枚のカードがある．
   (a) 10 枚のカードからどの 3 枚を選んでも，3 桁以下の 3 の倍数を作れることを示せ．
   (b) 9 桁以下の 9 の倍数を常に作ることができるカードの最小枚数はいくつか？

   例題：0 から 9 までの数が 1 つずつ書かれた 10 枚のカードがある．2 桁の 4 の倍数を必ず作ることができるカードの最小枚数はいくつか？

   解答：5 枚のカードでは不十分である．なぜなら，引いた 5 枚のカードがすべて奇数であるかもしれないからである．6 枚でも不十分である．なぜなら，引いた 6 枚のカードのうち，5 枚が奇数で，残り 1 枚が 0 または 4 または 8 かもしれないからである．7 枚であれば十分である．奇数のカードは 1 枚以上ある．もし残りのカードが 2 か 6 を含んでいるならば 2 桁の 4 の倍数が作れる．そうでなければ，0 と 4 と 8 のカードのうち 2 枚以上含むことになり，それらを使って 2 桁の 4 の倍数が作れる．

3. (1983-6) 4 つの異なる 1 桁の数が与えられている．それらの数をちょうど 1 回ずつ使ってできる最大の 4 桁の数を作る．そして，それらの数をちょうど 1 回ずつ使ってできる最小の（0 から始まらない）4 桁の数を作る．これら 2 つの数の和が 10477 であったとき，与えられた 4 つの数はいくつで

---

[4] 訳者注：（別解）彼女が $100a + 10b + c$ 年に生まれたとすると，その各桁の和は $a + b + c$ となる．$978 - (100a + 10b + c) = a + b + c$ であるので，$978 = 101a + 11b + 2c$ を得る．$a \leq 8$ のとき不適となり，$a = 9$ のとき，$b = 5$，$c = 7$ を得る．

あったか[5]？

例題：先生は，アダムに 0 で終わらない 4 桁の数を選んでもらい，その数の各桁を逆順に並べて別の 4 桁の数を作ってもらったあと，それらを足してもらう．そして，先生はベティにも同じ作業をしてもらう．アダムの解答は 5455 であり，ベティの解答は 4213 であった．すると，先生は彼らのうち一人は間違えていると言った．どちらが間違えているのだろうか？

解答：正しい解答は 11 の倍数とならなければならない．アダムの解答は 11 の倍数でないので，彼が間違えている．ベティの解答は $1652 + 2561 = 4213$ から得ることができる．正しい解答が 11 の倍数となるということを確かめてみよう．元の数の 1 桁目は千の位にあり，新しい数の一の位にある．よって，その値を $1000 + 1 = 1001$ 倍したものが解答の和に寄与する．元の数の 2 桁目は百の位にあり，新しい数の十の位にある．よって，その値を $100 + 10 = 110$ 倍したものが解答の和に寄与する．同様にして，元の数の 3 桁目を 110 倍したものが寄与して，元の数の 4 桁目を 1001 倍したものが寄与する．1001 と 110 はどちらも 11 の倍数であるので，正しい解答は 11 の倍数となる．

K　平方数と平方根

1. (1981-5)　正の整数で，その平方が 123456789 から始まるものは存在するか？

   例題：正の整数で，その平方が 123 から始まるものを求めよ．

   解答：$11^2 = 121$ は 12 から始まるが 123 ではない．しかし，$111^2 = 12321$ は 123 から始まる．

2. (1985-2)　ある 45 桁の数は 1 個の 1，2 個の 2，3 個の 3，$\cdots$，9 個の 9 からなる．この数はある整数の平方とはならないことを示せ．

   例題：ある 10 桁の数は 1 個の 1，2 個の 2，3 個の 3，4 個の 4 からなる．この数はある整数の平方となることはできるか？

   解答：10 桁の和は $1 \times 1 + 2 \times 2 + 3 \times 3 + 4 \times 4 = 30$ である．これは 3 の倍数であるが 9 の倍数でない．よって，その 10 桁の数自身も 3 の倍数であるが 9 の倍数でなく，ある整数の平方にはならない．

3. (1992-3)　アダムとベティは同い年である．アダムは今年の自分の歳に去年の自分の歳を掛けた．ベティは来年の自分の歳を 2 乗した．これら 2 つの答えの各桁の和は異なることを示せ．

   例題：アダムはベティより 2 歳年上である．彼らの年齢の平方の各桁の和が同じになることはあるか？

   解答：アダムが 28 歳でベティが 26 歳ならば，$28^2 = 784$ と $26^2 = 676$ の各桁の和はどちらも 19 となる[6]．

---

[5] 訳者注：意欲のある読者はカプレカー数について調べてみよう．

[6] 訳者注：解の見つけ方の 1 つとして，以下の方法がある．高校の教科書にも載っている有名な次の事実を確認しよう（証明は読者に委ねる）：「n が 3 で割り切れる数であるとき，n^2 は 3 で割り切れる．n が 3 で割り切れない数であるとき，n^2 を 3 で割ると 1 余る」この事実から，彼らの年齢の一方は 3 で割って 2 余る数，もう一方は 3 で割って 1 余る数であることがわかる．あとは，$(2,4)$，$(5,7)$，$\cdots$ と順番に確かめていけばよい．

L　巡　回　数

1. **(1989-5)**　次の条件を満たす 2 つの 6 桁の数を求めよ：一方の数をもう一方の数の後ろに書くことで得られる 12 桁の数が，それらの数の積によって割り切れる．

   例題：次の条件を満たす 2 つの 2 桁の数を求めよ：一方の数をもう一方の数の後ろに書くことで得られる 4 桁の数が，それらの数の積によって割り切れる．

   解答：上位 2 桁の数はそれ自身および 4 桁の数を割り切るので，それは下位 2 桁の数も割り切る．この割り算の商は 1 桁の数であり，それに 100 を加えると，その和は下位 2 桁の数で割り切れる．ここで，101 は素数であるが，$102 = 2 \times 3 \times 17$ は 1734 を導く．実際，$\frac{1734}{17 \times 34} = \frac{102}{34} = 3$ となる．

2. **(1987-5)**　000000 から 999999 までの 6 桁の数のうち，上 3 桁の和が下 3 桁の和と等しいものを**ラッキーナンバー**と呼ぶ．「ある大きさからなる連続する数の集合をどのように選んでもその集合にラッキーナンバーが必ず含まれる」ような集合の大きさの最小値はいくつか？

   例題：0000 から 9999 までの 4 桁の数において，101 個の連続する正の整数の中に，上 2 桁が下 2 桁と同じである数を含むことを示せ．

   解答：0101, 0202, $\cdots$, 0909, 1010, 1111, 1212, $\cdots$, 9999 は，それらすべてが所望の性質を持つ．任意の隣接する数の差は常に 101 であり，明らかに所望の結論が得られる．

3. **(1989-2)**　000000 から 999999 までの 6 桁の数の中に，上 3 桁の和が下 3 桁の和と等しい数は各桁の和が 27 である数と同数あることを示せ．

   例題：0000 から 9999 までの 4 桁の数の中から，アダムは各桁の和が 18 となる数に丸を付け，ベティは上 2 桁の和が下 2 桁の和と等しくなる数に丸を付ける．どちらがより多くの数に丸を付けるか？

   解答：ベティが丸を付けた数をいくつか小さい順に並べると 0000, 0101, 0110, 0202, 0211, 0220 となる．各数の下 2 桁の各桁を，9 からその数を引いたときの差に置き換える．すると，対応する数は 0099, 0198, 0189, 0297, 0288, 0279 となる．それらはすべて各桁の和が 18 となる．この対応はアダムが丸を付けた数とベティが丸を付けた数の間の 1 対 1 対応である．したがって，2 人のうちのどちらももう一方より多く丸を付けない．

M　お金に関する問題

1. **(1987-2)**　ある国では，1 ドル，10 ドル，100 ドル，1000 ドルの 4 種類の紙幣がある．ちょうど 50 万枚の紙幣がちょうど 100 万ドルとなることがあるか？

   例題：ヴァーニャは 5 枚の紙幣を持っていて，各紙幣は 1 ドルまたは 10 ドルである．彼は 1 冊 9 ドルのノートを買えるだけ買う．手元に残ったお金はいくらだろうか？

   解答：もしヴァーニャが 1 ドル紙幣しか持っていないならば，彼はノートを買うことができずに 5 ドルが手元に残る．1 ドル紙幣を 10 ドル紙幣と交換するとノートを買うことができ，彼の手元に残るお金は変化しない．よって，彼の手元には 5 ドル残ったままである．

2. (1981-6)　ある国では，1 ドル，2 ドル，5 ドル，10 ドルの 4 種類の紙幣がある．合計 400 ドルの紙幣の束からちょうど 300 ドルを払えることを示せ．

例題：ある国には，すべての（整数の）額のセントコインがある．コインの集合が**効率的**であるとは，その総額までのどんな額もちょうど払えることを言う．5 セント以上のコインを含む 4 枚のコインの集合で効率的なものをすべて求めよ．

解答：少なくとも 1 枚は 1 セントコインを持っていなければならない．1 セントコインを 1 枚だけ持っていたとする．このとき，2 セントコインが必要である．そして，3 セントコインは必要ではなく，4 セントコインと 8 セントコインがあれば効率的な集合となる．$(1, 2, 4, 8)$ は，次の組にもできる：$(1, 2, 4, 7)$，$(1, 2, 4, 6)$，$(1, 2, 4, 5)$，$(1, 2, 3, 7)$，$(1, 2, 3, 6)$，$(1, 2, 3, 5)$，$(1, 2, 2, 6)$，$(1, 2, 2, 5)$，$(1, 1, 3, 6)$，$(1, 1, 3, 5)$，$(1, 1, 2, 5)$.

3. (1992-6)　3 人の貨幣偽造者は整数単位の任意の額の紙幣を作れる．各人はそれぞれ合計 100 ドルの紙幣を作り，残りの 2 人のどちらにも 25 ドルまでの任意の金額を払うことができる（ただしおつりをもらうかもしれない[7]）．3 人が協力すると，第三者に対して 100 ドルから 200 ドルまでの任意の金額をちょうど払えることを示せ．

例題：2 人の貨幣偽造者は整数単位の任意の額の紙幣を作れる．各人はそれぞれ合計 100 ドルの紙幣を作り，もう 1 人に 25 ドルまでの任意の金額を払うことができる（ただしおつりをもらうかもしれない）．彼らのうち少なくとも 1 人は，持っている紙幣を使ってその合計を 25 ドルと 50 ドルの間のある額にできることを示せ．

解答：貨幣偽造者 A が別の貨幣偽造者 B に 25 ドルを払ったとする（ただしおつりをもらうかもしれない）．もし A が 25 ドルと 50 ドルの間の金額を渡したのであれば，もはや証明することはない．もし 50 ドルと 75 ドルの間の金額を渡したのであれば，A の手元に残った金額は 25 ドルと 50 ドルの間となる．最後に，もし A の渡した金額が 75 ドルと 100 ドルの間だとすると，B は 50 ドルと 75 ドルの間の金額のおつりを A に渡す．このとき B の手元に残った合計金額は 25 ドルと 50 ドルの間となる．

N　魔　方　陣

1. (1980-1)　1 から 30 までの整数が書かれた 5×6 の表を作り，各行の 6 つの数の和が等しく，各列の 5 つの数の和も等しくなるようにできるか？

例題：1 から 24 までの整数が書かれた 4×6 の表を作り，各行の 6 つの数の和が等しく，各列の 4 つの数の和も等しくなるようにできるか？

解答：そのような表を図 9 に示している．

---

[7] 訳者注：例えば，33 ドルを渡して 8 ドルのおつりをもらうことで，25 ドルを払ったとみなす．

1	24	5	20	9	16
23	2	19	6	15	10
22	3	18	7	14	11
4	21	8	17	12	13

図 9

2. (1984-2)　0 でない数が書かれた 4×4 の表を作り，そこに含まれるどの 2×2, 3×3, 4×4 の部分からなる表の四隅の数の和も 0 となるようにせよ．

例題：4×4 の表の四隅の数が 0 である．残りのマスを 0 でない数で埋めて，どんな長さの斜めの線においてもそれに含まれる数の和が 0 となるようにできるか？

解答：図 10 は解となる多くの表の 1 つを表している．

0	−1	−1	0
1	2	2	1
−1	−2	−2	−1
0	1	1	0

図 10

3. (1982-5)　立方体の辺に $1, 2, 3, \cdots, 12$ のラベルを付けて，6 つの各面の 4 つの辺のラベルの和が同じになるようにせよ．

例題：立方体の頂点に $1, 2, 3, \cdots, 8$ のラベルを付けて，6 つの各面の 4 つの頂点のラベルの和が同じになるようにせよ．

解答：図 11 はそのようなラベル付けの 1 つを表している．

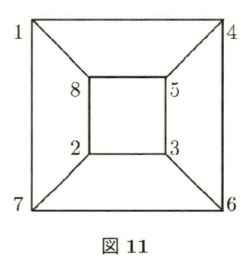

図 11

O　論理に関する問題

1. (1983-3)　ベニー，デニー，ケニー，レニーはそれぞれ，常に嘘を言うか，もしくは常に真実を言う．

ベニーが「デニーは嘘つきである」と言った．レニーが「ベニーは嘘つきである」と言った．ケニーが「ベニーとデニーはどちらも嘘つきである」と言った．さらにケニーは「レニーは嘘つきである」と言った．常に嘘を言うのは誰で，常に真実を言うのは誰か？

例題：ベニーとデニーはそれぞれ，常に嘘を言うか，もしくは常に真実を言う．ベニーとデニーの 2 人とも相手が嘘つきであると主張することは起こりうるだろうか？

解答：彼らのうちちょうど 1 人が嘘つきであれば起こりうる．ただし，どちらが嘘つきであるかはわからない．

2. (1991-4)　ミュンヒハウゼン男爵は毎日，鴨を狩りに出掛ける．ある日，彼は「今日は，2 日前より多く，1 週間前より少ない鴨を持って帰る」と明言する．男爵は嘘をつくことなく，何日間連続でこれを言うことができるか？

例題：数列 -5, 7, -5, 7, -5, -5, 7, -5, 7, -5 はどの連続 5 数の和も負であり，どの連続 7 数の和も正であるという性質を持つ．この性質を持つ，これより長い数列が存在するか？　ただし，-5 と 7 を他の 2 つの数に替えてもよい．

解答：そのような長さ 11 の数列が存在したとする．5×7 の表を次のように構成する．最初の 7 つの数を使って，1 行目を作る．最初の数を取り除き，続く 7 つの数を使って，2 行目を作る．最初の 2 つの数を取り除き，続く 7 つの数を使って，3 行目を作る．最初の 3 つの数を取り除き，続く 7 つの数を使って，4 行目を作る．最初の 4 つの数を取り除き，続く 7 つの数を使って，最後の 5 行目を作る．ここで，各行の総和は正となるが，各列の総和は負となる．これは起こりえない．

3. (1983-5)　ミュンヒハウゼン男爵はタイムマシンを持っていて，3 月 1 日から他の年の 11 月 1 日に，4 月 1 日から 12 月 1 日に，5 月 1 日から 1 月 1 日に，というように（他の年の 8 ヶ月後の日付に）移動できる．彼は移動したその日に再び移動することはできない（つまり，翌月以降の 1 日まで待つ必要がある）．男爵は，タイムトラベルを 4 月 1 日に開始して 4 月 1 日に終了して，「26 ヶ月間，旅に出ていた」と言った．彼が間違っていることを示せ．

例題：サンディーは正午にエアロバイクに乗った．いつも彼女は休まず 18 分間乗って，それから一定の時間（整数の分刻みで）バイクから降りて休み，再びバイクに乗る．これを繰り返す．彼女が最後にバイクから降りたのは午後 2 時であった．彼女が休んだ時間の合計が 30 分となることはあるだろうか？

解答：もしそうだとすると，彼女はバイクに $120 - 30 = 90$ 分乗ったことになる．バイクに 1 回乗る時間は 18 分間なので，彼女は 4 回休んだことになる．しかし，30 は 4 で割り切れない．よって，これはありえない．

P　コインの重さの測定問題

1. (1985-1)　重さが異なる 68 枚のコインがある．天秤ばかりでちょうど 100 回測って，最も重いコインと最も軽いコインを見つけよ．

例題：重さが異なる 13 枚のコインがある．最も重いコインを見つけるために必要な測定回数は何回か？

解答：最も重いコインを見つけるために，12 枚のコインを候補から外さなければならない．各測定でちょうど 1 枚のコインが候補から外されるので，12 回の測定が必要かつ十分である．

2. (1989-4)　重さが異なる 32 枚のコインがある．天秤ばかりで 35 回測定して，最も重いコインと 2 番目に重いコインを見つけよ．

例題：重さが異なる 4 枚のコインがある．5 回の測定で 4 枚のコインを重い順に並べよ．

解答：最初の 2 回の測定では，コインをペアにしてそれぞれを測る．3 回目と 4 回目の測定では，最初の 2 回で重かった方の 2 枚のコインを測り，そして，軽かった方の 2 枚のコインを測る．この時点で，最も重いコインと最も軽いコインがわかる．5 回目の測定で，残りの 2 つのうちどちらが 2 番目に重く，どちらが 2 番目に軽いかを決定する[8]．

3. (1990-2)　101 枚のコインのうち 100 枚が本物で，それらは同じ重さを持つ．偽コインの重さは本物のコインと異なる．偽コインが重いのか軽いのか，天秤ばかりで 2 回測定して決定せよ．どれが偽コインかを決定する必要はない．

例題：4 枚のコインのうち 3 枚が本物で，それらは同じ重さを持つ．偽コインの重さは本物のコインと異なる．偽コインが重いのか軽いのか，天秤ばかりで 2 回測定して決定せよ．どれが偽コインかを決定する必要はない．

解答：2 枚のコインと残りの 2 枚を天秤ばかりで測る．すると，必ず釣り合わない．重い方の 2 枚のコインを測る．もし釣り合えば偽コインは軽い．そうでなければ偽コインは重い．

4. (1980-4)　7 枚の本物のコインは同じ重さである．2 枚の偽コインも同じ重さである．偽コインは本物よりも重い．天秤ばかりを使って 4 回以下の測定で偽コインを決定せよ．

例題：偽コインは本物のコインより重い．3 枚のコインを持っていて，それらの中の偽コインの枚数はわかっている．偽コインを判別するために必要な測定の最小回数はいくつか？

解答：偽コインの枚数が 0 枚また 3 枚ならば，測る必要はない．1 枚であったとする．1 枚のコインと他の 1 枚を測る．もし釣り合えば残りのコインが偽物である．そうでなければ重たい方が偽コインである．最後に，偽コインの枚数が 2 枚であったとする．再び，1 枚のコインと他の 1 枚を測る．もし釣り合えば両方のコインが偽物である．そうでなければ重たい方と残りのコインが偽物である．

Q　幾何的配置

1. (1986-4)　何枚かの同じ丸いコインをテーブル上に置いて，各コインがちょうど 3 枚の他のコインに触れるようにせよ．

例題：16 枚の同じ丸いコインをテーブル上に置いて，10 枚のコインがそれぞれちょうど 3 枚の他のコインに触れ，3 枚のコインがそれぞれちょうど 4 枚の他のコインに触れ，そして残りの 3 枚のコインがそれぞれちょうど 2 枚の他のコインに触れるようにせよ．

---

[8] 訳者注：この問題はソートに関連する問題であり，様々なソートのアルゴリズムが知られている．

解答：図 12 がそのような配置を示している.

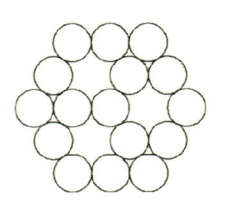

図 12

2. (1986-2)　標準のチェス盤上に 44 個のクイーンの駒がある. 各クイーンに対して, 少なくとも 1 個の他のクイーンが利き筋にあることを示せ.

例題：標準のチェス盤上にビショップの駒を置いて, どの 2 個の駒も互いに利き筋にないようにしたい. 最大でいくつ置くことができるか？

解答：一番下の行の各マスと一番上の行の角以外のマスにビショップを置くことができる. これら 14 個のビショップは互いに利き筋にない. 北西から南東に走る 15 本の斜めの線を考える. どの斜めの線も高々 1 つのビショップしか含んでいない. さらに, 長さ 1 の 2 本の斜めの線の両方がビショップを含むことはできない. よって, 14 個が最大となる.

3. (1992-2)　七角形の城において, 7 つの各側面はまっすぐな壁であり, 7 つの各角には監視塔がある. その監視塔に何人かの監視員が常駐している. 各監視員は監視塔で交わる 2 つの壁の両方を監視する. 各壁を 7 人以上の監視員によって監視するためには少なくとも何人の監視員が必要か？

例題：四角形の城において, 4 つの各側面はまっすぐな壁であり, 4 つの各角と 4 つの各側面の中間地点に監視塔がある. その監視塔には何人かの監視員が常駐している. 各監視員は, その塔を含んでいる壁を監視するか, もしくはその塔で交わる 2 つの壁の両方を監視する. 監視員が何人であれば, 各壁をちょうど 9 人の監視員によって監視することが可能か？

解答：どの監視員も北の壁と南の壁を両方監視することはできない. 各壁を監視するために 9 人の監視員が必要なので, 監視員の最小人数は 18 人である. これは図 13 の左に示されたようにすれば達成できる. 一方, 各壁は 9 人の監視員によって監視されるので, 監視員の最大人数は 36 人である. これは図 13 の右に示されたようにすれば達成できる. 18 と 36 の間のすべての人数で可能である. 合計 19 人とするためには, 角の監視塔にいる 1 人の監視員を 2 人の監視員に置き換え, 隣接する壁の各監視塔に 1 人ずつ配置すればよい. これは図 13 の中央に示した. この監視員の配置換えは合計 36 人になるまで続けることができる[9].

---

[9]　訳者注：このような監視員問題は様々な設定での問題が考えられている. 詳しく知りたい読者には, 『離散数学入門 [改訂版]』（秋山仁・R.L.Graham 著, 朝倉書店）を薦める.

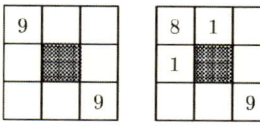 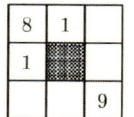 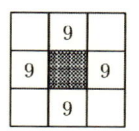

図 13

R 色に関する問題

1. (1980-3) 線分 AB 上に，200 個の点を AB の中点に関して対称的に配置する．それらの点のうち半分が赤，残り半分が青である．点 A から各赤点までの距離の総和が点 B から各青点までの距離の総和と等しいことを示せ．

例題： 1 から 13 までの番号付けされた 13 軒の家が，ある通りの片側に等間隔に建っている．2 人の子供が 2 番の家に住んでいて，1 人の子供が 3 番の家に，1 人の子供が 6 番の家に，1 人の子供が 8 番の家に，1 人の子供が 11 番の家に，2 人の子供が 12 番の家に住んでいる．その 8 人の子供のうち，4 人が少女で，4 人が少年である．少女たちは 1 番の家で集まり，少年たちは 13 番の家で集まる．少年たちが移動した総距離が少女たちが移動した総距離と等しいことを示せ．

解答： 通りの両端から子供を 2 人ずつペアにして考える．そのペアの 1 人が少女でもう 1 人が少年であったとする．このとき，これら 2 人の子供が移動した距離は等しい．そのペアのどちらも少年であるか，またはどちらも少女であるとする．このとき，そのペアが移動した総距離は 1 番の家と 13 番の家の間の距離と等しい．少女の人数は少年の人数と等しいので，少年同士のペアの数は少女同士のペアの数と等しい．よって，所望の結論を得る．

2. (1981-2) 1 から 9 までの数をちょうど 1 回ずつ使った 9 桁の数で，差が 1 であるどの 2 つの数の間にも奇数個の数があるものは存在するか？

例題： 1，2，3，4 の数が 2 つずつあるとき，それらを一列に並べて，2 つの 1 の間に他の数が 1 個あり，2 つの 2 の間に他の数が 2 個あり，2 つの 3 の間に他の数が 3 個あり，2 つの 4 の間に他の数が 4 個あるようにできるか？

解答： まず最初に，間に 4 つの空白があるように 2 つの 4 を書く．2 つの 4 の間に，2 つの 3 のうちちょうど 1 つが入ることは簡単にわかる．ここから，所望の数列 2 3 4 2 1 3 1 4 を得ることは難しくない．

3. (1992-5) 円周を 27 点によって 27 本の同じ長さの弧に分割する．27 点は白か黒である．どの 2 つの黒点も隣り合わず，どの 2 つの黒点の間にも 2 つ以上の白点が存在する．白点のうちの 3 つが正三角形の頂点となることを示せ．

例題： 円周を 9 点によって 9 本の同じ長さの弧に分割する．9 点は白か黒である．どの 2 つの黒点も隣り合わず，どの 2 つの黒点の間にも 2 つ以上の白点が存在する．白点のうち 3 つが正三角形の頂点となることを示せ．

解答： 円周には正三角形の 3 頂点を構成する集合が 3 つ存在する．それらのどれも 3 つの白点からなるものでないとすると，黒点は 3 つ以上あり，白点は 6 つ以下である．2 つの黒点の間には 2 つ以上の白点が存在するので，黒点はちょうど 3 つで，それらの 2 点の間にちょうど 2 つの白点がある．こ

のとき，3 つの集合のうち 1 つは黒点だけからなる．よって，残りの 2 つの集合はどちらも，正三角形の頂点をなす 3 つの白点からなる．

S 総当たり戦の問題

1. (1983-1) チェスの総当たり戦において，各参加者は自身以外の参加者全員とちょうど 1 回ずつ対戦する．参加者は勝つと 1 点を，引き分けると 1/2 点を，負けると 0 点を得る．30 人の参加者のうち，18 点以上の点数を取ることができるのは最大何人か？

例題：チェスの総当たり戦において，8 人の各参加者は自身以外の参加者全員とちょうど 1 回ずつ対戦する．勝つと 1 点を，引き分けると 0.5 点を，負けると 0 点を得る．総当たり戦が終わったとき，各参加者の得点はいずれも異なり，2 位の参加者の得点は下位 4 人の参加者の得点の合計と等しかった．3 位と 7 位の参加者の間のゲームの勝敗はどうであったか？

解答：下位 4 人は彼らの中で 6 回のゲームを行う．よって，彼らの得点の合計は，たとえ彼らが上位 4 人にすべて負けたとしても，6 点以上となる．もし 1 位が 7 点ならば，2 位は 1 位に負けているので 6 点以下である．また，1 位が 6.5 点のときも 2 位は 6 点以下になる．よって，2 位はちょうど 6 点であり，下位 4 人の合計点はちょうど 6 点である．それは彼らが上位 4 人対してすべてのゲームで負けたことを意味する．特に，3 位と 7 位のゲームの結果は 3 位の勝ちであった．

2. (1992-1) 総当たり戦において，各参加者は自身以外の参加者全員とちょうど 1 回ずつ対戦する．参加者は勝つと 1 点を，引き分けると 0 点を，負けると −1 点を得る．総当たり戦が終わったとき，参加者の 1 人は 7 点で，別の 1 人は 20 点であった．少なくとも 1 回は引き分けの試合があったことを示せ．

例題：総当たり戦において，6 人の各参加者は自身以外の参加者全員とちょうど 1 回ずつ対戦する．参加者は勝つと 1 点を，引き分けると 0 点を，負けると −1 点を得る．総当たり戦が終わったとき，参加者の 1 人が 1 点で，別の 1 人が 4 点である総当たり戦を構成せよ．

解答：そのような総当たり戦を下の表で示す．

総当たり戦の記録	A	B	C	D	E	F	総得点
参加者 A	−	1	1	1	1	0	4
参加者 B	−1	−	−1	1	1	1	1
参加者 C	−1	1	−	1	1	1	3
参加者 D	−1	−1	−1	−	1	1	−1
参加者 E	−1	−1	−1	−1	−	−1	−5
参加者 F	0	−1	−1	−1	1	−	−2

3. (1991-6) 引き分けのない総当たり戦において，9 チームのうちどの 2 チームもちょうど 1 回試合を行う．次の条件を満たす 2 チームが必ず存在するだろうか？：条件「他の各チームはその 2 チームの少なくとも一方に負けている．」

例題：引き分けのない総当たり戦において，どの 2 チームもちょうど 1 回試合を行った．参加チームを 1 列に並べて，各チームがその列における次のチームに勝っているようにせよ．

解答：この列を一から組み立てる．任意の 2 つのチームから始める．引き分けはないので，どちらかは勝つはずで，それが列の先頭となる．ここで，新しいチームを加える．もしそのチームが先頭のチームに勝っているならば，そのチームが新しい先頭となる．もしそうでなければ，そのチームが次のチームに勝っているかを確かめる．もし勝っているならば，次のチームの前にそのチームを加える．そのチームが列のどのチームにも勝っていないならば，そのチームは新しい最後尾となる．一度に 1 チームずつ加えていくことで，その総当たり戦の結果に対して所望の列を作ることができる．

T　詰め込みと被覆の問題

1. (1992-4)　フォードルはコインを集めている．彼のコレクションのどのコインも直径 10 cm 以下である．彼はすべてのコインを 30 cm × 70 cm の長方形の箱の中に重ならないように並べて配置して保管している．40 cm × 60 cm の別の長方形の箱の中に彼のコインをすべて収納できることを示せ．

   例題：フォードルはコインを集めている．彼のコレクションのどのコインも直径 10 cm 以下である．彼はすべてのコインを 10 cm × 40 cm の長方形の箱の中に並べて配置して保管している．彼は新しく直径 25 cm と 10 cm のコインを手に入れた．35 cm × 35 cm の正方形の箱の中に彼のコインをすべて収納できることを示せ．

   解答：正方形の箱を 4 つの区画に分ける．新しいコインの大きい方を 25 cm × 25 cm の北東区画に置く．新しいコインの小さい方を 10 cm × 10 cm の南西区画に置く．古い箱を分割して，左の区画を 10 cm × 15 cm に，真ん中の区画を 10 cm × 10 cm に，右の区画を 10 cm × 15 cm にする．古いコインはどれも直径が 10 cm 以下なので，どのコインも左の区間と右の区画の両方にまたがることはない．したがって，左と真ん中の区画に含まれる古いコインをすべて 10 cm × 25 cm の南東区画に移動させて，残りの古いコインを 10 cm × 25 cm の北西区画に移動させればよい．

2. (1979-1)　2 × 3 の大きさの板チョコ 15 枚を 7 × 13 の大きさの箱に，1 × 1 の大きさの穴を残して箱詰めせよ．

   例題：図 14 の形を 6 × 6 の大きさの箱に最大何ピース詰めることができるか？

   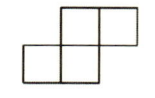

   図 14

   解答：箱の面積は 36 であり，図 14 の形の面積は 4 なので，詰めることができるのは最大で 9 ピースである．しかし，四隅の正方形は使うことはできないので，図 15 のように高々 8 ピースしか詰めることができない．

   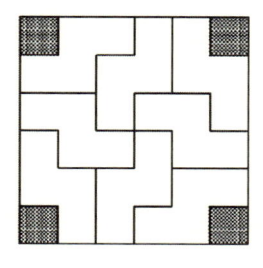

   図 15

3. (1990-3)　5×11 の大きさの板チョコ 39 枚を 39×55 の大きさの箱に詰めることができるか？

例題：3×4 の大きさの板チョコを，各ピースの側面が箱の側面に平行か垂直になるようにして，11×11 の大きさの箱にどれだけ詰めることができるか？

解答：$11 \times 11 = 121$, $3 \times 4 = 12$, $121 = 10 \times 12 + 1$ なので，箱に 10 個のピースを詰めることができるように思われる．試行錯誤を繰り返すことで，図 16 の左のような 9 ピースの箱詰めを得る．これが最良であることを示す．図 16 の右の 9 つの影の付いた正方形を考える．1 つのピースをどこに置いても，影付き正方形を 1 つ以上覆う．影付き正方形は 9 個しかないので，10 個のピースを置くことはできない．

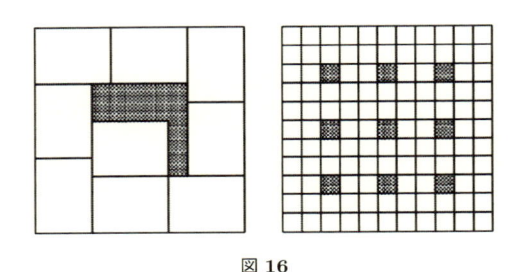

図 16

U　分 割 問 題

1. (1980-5)　正方形をいくつかの凸五角形に分割せよ．

例題：正三角形を，1 つの三角形と 1 つの凸四角形と 1 つの凸五角形と 1 つの凸六角形に分割することができるか？

解答：4 つのピースのいずれにおいても，正三角形の内部に含まれる辺は高々 3 辺である．なぜなら，そのような辺は必ず他の凸多角形にも属するからである．よって，凸六角形は 3 辺が，凸五角形は 2 辺が，凸四角形は 1 辺がそれぞれ正三角形の辺に属することになる．分割の一例を図 17 に示している．

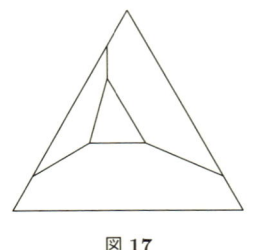

図 17

2. (1981-3)　三角形の内部に 9 点を置き，三角形の 3 頂点と合わせた 12 点を考える．これら 12 点のうちいくつかのペアを交差のない線分で結ぶことによって，各点が他の 5 点と結ばれ，かつ元の三角形

がいくつかの三角形に分割されるようにせよ.

例題：三角形の内部に 3 点を置き，三角形の 3 頂点と合わせた 6 点を考える. 元の三角形の 3 辺に加えて，これら 6 点のうちいくつかのペアを交差のない線分で結ぶことによって，各点が他の 4 点と結ばれ，かつ元の三角形がいくつかの三角形に分割されるようにせよ.

解答：図 18 に示しているように，この配置は八面体を表している.

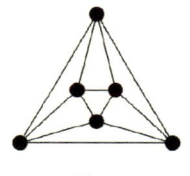

図 18

3. (1983-2)　10 × 20 の大きさの板チョコ 10 枚が 20 個の三角形に分割されている. それらを正方形の箱にすき間なく詰めよ.

例題：10 × 10 の大きさの板チョコ 8 枚が 16 個の三角形に分割されている. それらを正方形の箱にすき間なく詰めよ.

解答：図 19 のように詰めこむことができる.

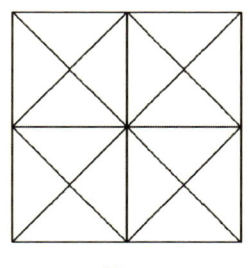

図 19

V　グラフ理論

1. (1985-3)　いくつかの都市があり，どの 2 都市間の距離も異なる. ある旅人が，自宅のある都市 A を出発して A から最も遠い都市 B に行った. 次に彼は B を出発して，B から最も遠い都市 C へ行った. これを繰り返す. もし C と A が異なる都市ならば，その旅人は決して自分の家に辿り着けないことを示せ.

例題：9 つの都市があり，どの 2 都市間の距離も異なる. 各都市から，1 人の旅人が最も近い都市を尋ねて出発する. ある都市には 2 人以上の旅人が尋ねてきていることを示せ.

解答：最も近い2つの都市を考える．それらから出発する旅人は互いにもう一方の都市へ訪問する．もしそれらのうち1つの都市に3人目の旅人が訪問するならば，所望の結論を得る．それら2つの都市は他の都市から十分に離れていて，どの他の旅人もそれらの都市には訪問してこないとする．このとき，それら2つの都市を無視して，残り7つの都市だけを考えればよい．始めは奇数個の都市であった．一度に2つの都市を無視することで，残った都市の個数は奇数のままである．残り1つの都市になったとき，その都市を出発した旅人は他の旅人がすでに訪問している都市を訪問しなければならない．

2. (1980-6) どの3本の対角線も1点で交わらないような凸多角形上に，地下鉄の路線図がある．どの頂点上にも，またどの2本の対角線の交点上にも駅がある．電車は対角線に沿って端から端まで走っているが，必ずしもすべての対角線に沿って走っているわけでない．もしどの駅も1つ以上の電車の路線上にあるならば，2回以下の乗り換えで，任意の駅から任意の他の駅に到達できることを示せ．

例題：図20は21個の駅と9つの路線を持つ地下鉄の路線図を表している．点線で表している3つの路線は工事中で閉鎖している．高々1回の乗り換えで行き来できない駅のペアをすべて見つけよ．

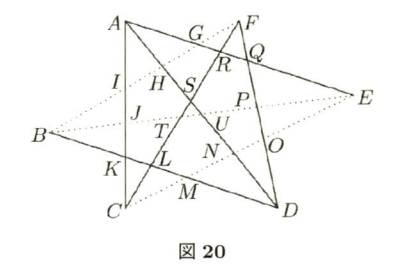

図 20

解答：1つ1つ確認することで，そのようなペアは (B, E), (B, G), (E, M), (G, M), (I, O), (I, P), (J, O), (J, P) であることがわかる．

3. (1987-3) 6つの都市はそれぞれ，5本の道路で他のすべての都市と結ばれている．道路の交差が3箇所だけで起こり，その各交差点ではちょうど2本の道路が交差するようにできることを示せ．ただし，都市での合流点は交差しているとは考えない．

例題：3つの各町は3つの各村と道路で結ばれている．それら9本の道路が1箇所だけで交差し，その交差点ではちょうど2本の道路が交差するようにするできることを示せ．ただし，町や村での合流点は交差しているとは考えない．

解答：そのような配置を図21に示している．町には黒丸で印を付けている．

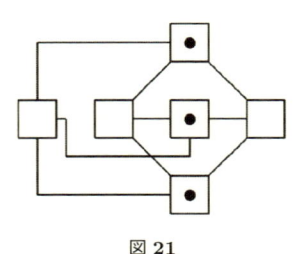

図 21

W　数に関する 1 人ゲーム

1. (1984-5)　図 22 で示したような，各々に数字が書かれている 6 つの扇形に分割された円で 1 人ゲームを始める．各手番では，隣り合う 2 つの扇形を選び，そこに書かれた 2 つの数の両方に 1 を足すことができる．6 つすべてを同じ数にできないことを示せ．

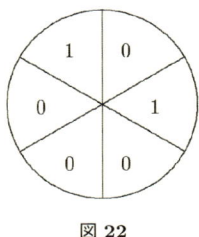

図 22

例題：図 23 で示したような，各々に数字が書かれている 6 つの扇形に分割された円で 1 人ゲームを始める．各手番では，任意の隣り合う扇形に書かれた 2 つの数の両方に 1 を足すことができる．6 つのすべての数を等しくすることができるか？

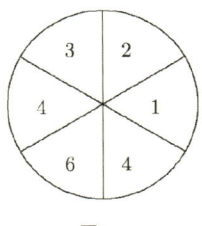

図 23

解答：可能である．$(4,1)$ の隣り合うペアを $(6,3)$ に増やして，$(3,4)$ の隣り合うペアを $(5,6)$ に増やす．すると，6 つの数は反時計回りに 6, 3, 2, 5, 6, 6 となる．$(3,2)$ の隣り合うペアを $(6,5)$ に増やして，最後に，$(5,5)$ の隣り合うペアを $(6,6)$ に増やす．

2. (1988-1)　3 × 3 の表の各マスに 0 が入った状態から 1 人ゲームを始める．各手番では，4 つ存在する 2 × 2 の部分のうち 1 つを選び，そのすべての数に 1 を足すことができる．図 24 の表を得ることはできるか？

4	9	5
10	18	12
6	13	7

図 24

例題：3 × 3 の表の各マスに 0 が入った状態から 1 人ゲームを始める．各手番では，4 つ存在する 2 × 2 の部分のうち 1 つを選び，そのすべての数に 1 を足すことができる．図 25 の表を得ることはできるか？

2	5	3
6	14	8
4	11	5

図 25

解答： 不可能である．なぜなら，4 と 5 の間の数は 4 + 5 = 9 とならなければならず，11 ではないからである．

3. (1987-1) 図 26 の左の 4 × 4 の表から 1 人ゲームを始める．各手番では，任意の行のすべての数に 1 を足す，もしくは，任意の列のすべての数から 1 を引くことができる．どのように手を打てば，図 26 の右の表を得ることができるか？

1	2	3	4
5	6	7	8
9	10	11	12
13	14	15	16

1	5	9	13
2	6	10	14
3	7	11	15
4	8	12	16

図 26

例題： 図 27 の左の 3 × 3 の表から 1 人ゲームを始める．各手番では，任意の列のすべての数に 1 を足す，もしくは，任意の行のすべての数から 1 を引くことができる．どのように手を打てば，図 27 の右の表を得ることができるか？

1	2	3
4	5	6
7	8	9

1	4	7
2	5	8
3	6	9

図 27

解答： 1 列目のすべての数に 4 を，2 列目のすべての数に 6 を，3 列目のすべての数に 8 を足す．そして，1 行目のすべての数から 4 を，2 行目のすべての数から 6 を，3 行目のすべての数から 8 を引く．

4. (1983-4) 円周上に並んだ 8 つの数から 1 人ゲームを始める．各数は 1 または −1 であり，それらは無作為に配置されている．各手番では，任意の連続する 3 つの数を −1 倍することができる．8 つのすべての数を 1 にできることを示せ．

例題： 円周上に並んだ 9 つの数から 1 人ゲームを始める．各数は 1 または −1 であり，それらは無作為に配置されている．各手番では，任意の連続する 3 つの数を −1 倍することができる．9 つのすべての数を 1 にできるか？

解答： 常に可能とは限らない．1, 1, −1, 1, 1, −1, 1, 1, −1 から始めるとする．1 番目と 4 番目と 7 番目の数の積は 1 である．2 番目と 5 番目と 8 番目の数の積も 1 である．しかし，3 番目と 6 番目と 9 番目の数の積は −1 である．各手番で，3 つの積のいずれもその符号が変化する．よって，それらをすべて同じにすることはできない．したがって，9 つの数をすべて同じにすることはできない．

X 幾何に関する 1 人ゲーム

1. (1986-1) 7, 8, 9, 4, 5, 6, 1, 2, 3 のカードがこの順に一列に並んでいる状態から 1 人ゲームを始め

る．各手番では，連続して並ぶカードを好きな枚数だけ取り，それらの順序を逆にして，元の場所に戻すことができる．カードを 1, 2, 3, 4, 5, 6, 7, 8, 9 の順に並べるための手順を示せ．

例題：7, 4, 1, 8, 5, 2, 9, 6, 3 が書かれたカードがこの順に一列に並んでいる状態から１人ゲームを始める．各手番では，連続する２枚以上のカードを好きな枚数だけ取り，それらの順序を逆にして，元の列の好きな場所に戻すことができる．カードを 1, 2, 3, 4, 5, 6, 7, 8, 9 の順に並べるための方法を求めよ．

解答：図 28 に示すように，4 回の操作で完了する．移動したカードには影を付けた．

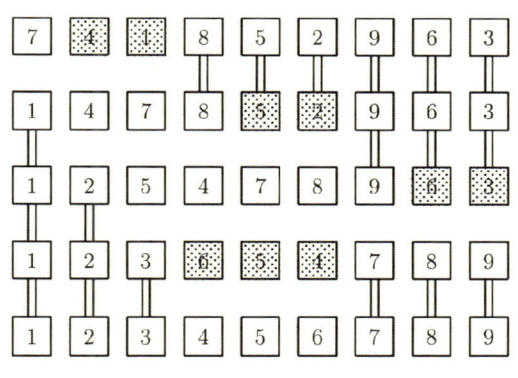

図 28

2. (1988-5)　山積みの 1001 個の駒から１人ゲームを始める．各手番において，3 つ以上の駒からなる１つの山を選び，1 つの駒を取り除き，残りの駒を 2 つの山に分ける．ただし分けられた 2 つの山の駒の個数は等しくなくてもよい．何回かの手番のあと，残っている各山がちょうど 3 つの駒を含むようにできるか？

例題：山積みの 11 個の駒から１人ゲームを始める．各手番において，3 つ以上の駒からなる１つの山を選び，1 つの駒を取り除き，残りの駒を 2 つの山に分ける．ただし分けられた 2 つの山の駒の個数は等しくなくてもよい．何回かの手番のあと，残っている各山がちょうど 3 つの駒を含むようにできるか？

解答：最初の手番で，11 個の山から 1 つ取り除き，残りの駒を 3 個と 7 個の山に分ける．次の手番で，7 個の山から 1 つ取り除き，残りの駒を 3 個と 3 個の山に分ける．

3. (1985-6)　1 から 10 までの数字が書かれた 10 個の箱が無作為に 2 つの山に積まれている状態から１人ゲームを始める．各手番では，一方のてっぺんからいくつかの箱を取って，それらをもう一方のてっぺんに置くことができる．19 手以内に，一番下が 1 で一番上が 10 となるように順番に積まれた 10 個の箱の山が作れることを示せ．

例題：1 つ目の山には 1, 3, 5 の数字が書かれた 3 つの箱がこの順に下から上に積まれていて，2 つ目の山には 2, 4, 6 の数字が書かれた 3 つの箱がこの順に下から上に積まれている状態から１人ゲームを始める．各手番では，一方のてっぺんからいくつかの箱を取って，それらをもう一方のてっぺんに

置くことができる．9手以内で，一番下が1で一番上が6となるように順番に積まれた6個の箱の山を作れ．

解答： 1手目で，5と3の箱を2つ目の山の上に置く．2手目で，2つ目の山を1つ目の山の上に置く．3手目で，5, 3, 6, 4の箱を空の2つ目の山の上に置く．4手目で，5と3の箱を1つ目の山の上に置く．5手目で，5の箱を2つ目の山の上に置く．6手目で，2つ目の山を1つ目の山の上に置く．7手目で，5と6の箱を空の2つ目の山の上に置く．8手目で，5の箱を1つ目の山の上に置く．9手目で，6の箱を1つ目の山の上に置く[10]．

4. (1988-6)　8×8のチェス盤の64個のすべてのマスが白である状態から1人ゲームを始める．各手番では，一番外側のマスからチェス盤に入り，共通の辺を持つマスへの移動を繰り返したあと，一番外側のマスからチェス盤の外に出ることができる．マスを訪れるたびに，白いマスは黒に，黒いマスは白に変化する．普通のチェス盤のような市松模様を作ることができるか？

例題： 3×3のチェス盤の9個のすべてのマスが白である状態から1人ゲームを始める．各手番では，一番外側のマスからチェス盤に入り，共通の辺を持つマスへの移動を繰り返したあと，一番外側のマスからチェス盤の外に出ることができる．マスを訪れるたびに，白いマスは黒に，黒いマスは白に変化する．真ん中のマスだけ黒にすることができるか？

解答： 真ん中のマスの隣のマスからチェス盤に入る．そこは黒になる．真ん中のマスに移動する．そこは黒になる．入ってきたマスに戻る．そこは再び白になる．そしてチェス盤から出る．

Y　数に関する2人ゲーム

1. (1982-6)　アンナとボリスは100個の駒が積まれた山を使ってゲームをする．アンナが先手で，それ以降は交互に手を打つ．各手番において，プレイヤーは2つ以上の駒がある山を2つの山に分ける．各山がちょうど1つの駒となったとき，この操作ができなくなり，そのときに手番であるプレイヤーが負けとなる．このゲームではアンナが必ず勝つことを示せ．

例題： アンナとボリスは，1×3，1×5，1×7の3つのチェス盤を用いてゲームをする．各チェス盤の最も左のマスに1つの駒が置かれている．アンナが先手で，それ以降は交互に手を打つ．各手番において，プレイヤーは3つのうちいずれかのチェス盤上の駒を1つ右のマスに進める．駒が最も右のマスに辿り着いたとき，それ以上は進めない．どの駒も移動できなくなったプレイヤーがゲームの敗者となる．このゲームではボリスが必ず勝つことを示せ．

解答： どちらがどの駒を移動したかに関係なく，駒は計12回移動する．ボリスは後手なので，彼が最後の手を打つ．

2. (1990-4)　アンナとボリスは，黒板に書かれた1234という数からゲームを始める．アンナが先手で，それ以降は交互に手を打つ．各手番においてプレイヤーは，黒板の数から0でない桁を1つ選び，その数を黒板の数から引いたものを新しく黒板に書く．黒板の数を0にしたプレイヤーが勝者となる．アンナまたはボリスのどちらに必勝法があるか？

例題： アンナとボリスは，100という数からゲームを始める．アンナが先手で，それ以降は交互に手を打つ．各手番において，プレイヤーはその数から1か2か3を引く．その数を0にしたプレイヤー

---

[10] 訳者注：最小手数は5手である．

が勝者となる．アンナまたはボリスのどちらに必勝法があるか？

解答：数 0 にするのは良いことである．なぜならそれが勝ちの局面だからである．数 1，2，3 にするのは良くない．なぜなら相手が勝つことができるからである．数 4 にするのは良いことである．なぜなら相手は勝つことができないし，かつ，あなたが勝てる数にしなければならないからである．同じ議論によって，4 の倍数にするのは良いことであるとわかる．100 は 4 の倍数であるので，ボリスは必勝法を持ち，アンナが 1 か 2 か 3 を引いたとき，それに対応して 3 か 2 か 1 を引けばよい．

3. (1984-6) アンナとボリスは，1 から 100 までの数が一列に順番に並んでいる状態からゲームを始める．アンナが先手で，それ以降は交互に手を打つ．各手番において，プレイヤーは演算子 +，−，× のうち 1 つを，演算子が間に入っていない 2 つの数の間に置き，演算子を置くたびに計算する．99 個の演算子を置いたあとの値が奇数ならアンナの勝ち，偶数ならボリスの勝ちとする．アンナに必勝法があることを示せ．

例題：アンナとボリスは，1 から 6 までの数が一列に順番に並んでいる状態からゲームを始める．アンナが先手で，それ以降は交互に行う．各手番において，プレイヤーは演算子 +，× のうち 1 つを，演算子が間に入っていない 2 つの数の間に置き，演算子を置くたびに計算する．5 個の演算子を置いたあとの値が奇数ならアンナの勝ち，偶数ならボリスの勝ちとする．アンナが必勝法を持つことを示せ．

解答：アンナは 5 と 6 を足すことから始めて，数列を (1 2 3 4 11) とする．これは奇数から始まり奇数で終わる（奇数と偶数が交互に現れる）交互列である．ボリスが × を挿入したとする．その結果は，(2 3 4 11)，(1 6 4 11)，(1 2 12 11)，(1 2 3 44) のどれかになる．アンナはそれらに + を挿入することで，それぞれ (5 4 11)，(1 10 11)，(1 14 11)，(1 2 47) に変換する．ボリスが + を挿入したとする．その結果は，(3 3 4 11)，(1 5 4 11)，(1 2 7 11)，(1 2 3 15) のどれかになる．アンナはそれらに × を挿入することで，それぞれ (9 4 11)，(5 4 11)，(1 2 77)，(1 2 45) に変換する．すべての場合において彼女は，再び奇数から始まり奇数で終わる，より短い交互列を作ることができる．彼女は，ボリスが挿入した演算子と異なる演算子を挿入することで，次の手番で勝つ．

Z 幾何に関する 2 人ゲーム

1. (1987-6) アンナとボリスは，9 × 9 のチェス盤上でゲームを行う．アンナが先手で，それ以降は交互に手を打つ．各手番において，アンナは空マスに赤の駒を置き，ボリスは空マスに青の駒を置く．チェス盤のマスがすべて埋まったとき，赤の駒が青の駒より多い行を赤行と呼び，そうでなければ青行と呼ぶ．赤列と青列も同様に定義する．アンナの得点は赤行と赤列の総数であり，ボリスの得点は青行と青列の総数である．アンナは最高で何点取ることができるか？

例題：アンナとボリスは，3 × 3 のチェス盤上でゲームを行う．アンナが先手で，それ以降は交互に手を打つ．各手番において，アンナは空マスに赤の駒を置き，ボリスは空マスに青の駒を置く．チェス盤のマスがすべて埋まったとき，赤の駒が青の駒より多い行を赤行と呼び，そうでなければ青行と呼ぶ．赤列と青列も同様に定義する．アンナの得点は赤行と赤列の総数であり，ボリスの得点は青行と青列の総数である．アンナの最高得点はいくつか？

解答：まず最初に，アンナが 4 点取れることを示す．アンナは初めに赤の駒を中央のマスに置く．そのあとアンナは，ボリスが青の駒を置いたマスと，中央のマスに関して点対称となるマスに赤の駒を置く．アンナは 2 行目，2 列目，1 行目か 3 行目のどちらか，1 列目か 3 列目のどちらかで得点する．次に，ボリスがアンナの得点を 4 点以下にできることを示す．アンナが中央のマス以外に赤の駒を置

いたときは，ボリスはアンナが赤の駒を置いたマスと点対称となるマスに青の駒を置く．アンナが中央のマスに赤の駒を置いたときは，ボリスは中央のマス以外の適当なマスに置く．ボリスが青の駒を置いたマスと点対称となるマスにアンナが赤の駒を置いたときは，ボリスは中央のマス以外の適当なマスに置く．結果として，アンナは中央のマスに赤の駒を置かなければならなくなる．このときの得点は先と同様である[11]．

2. (1989-6)　アンナとボリスは，10×10 のチェス盤上でゲームを行う．アンナが先手で，それ以降は交互に手を打つ．各手番において，プレイヤーは空マスに赤の駒か緑の駒を置く．縦，横，斜めの連続する3マスに同じ色の駒を並べたプレイヤーが勝ちとなる．どちらのプレイヤーに必勝法があるか？

> **例題：** アンナとボリスは，3×3 のチェス盤上でゲームを行う．アンナが先手で，それ以降は交互に手を打つ．各手番において，アンナは空マスに赤の駒を置き，ボリスは空マスに青の駒を置く．図 29 で示すパターン（回転または裏返ししたものでもよい）の 4 つのマスに自分の駒を埋めたプレイヤーが勝ちとなる．どちらのプレイヤーに必勝法があるか？

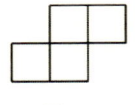

図 29

> **解答：** 明らかに，このゲームは中央のマスを取ることなく勝つことはできない．よって，アンナだけが勝つことができる．そして，アンナは最初にそのマスを取らなければならない．ボリスは，もし中央のマスの上下の両方のマスもしくは左右の両方のマスを取ることができれば，アンナの勝利を止めることができる．これがアンナの必勝法を定める．中央のマスを取ったあと，ボリスの取ったマスに対して，中央のマスに関して対称的にマスを取るだけでよい．

3. (1991-5)　アンナとボリスは，長さが 1 m の赤の棒，白の棒，青の棒でゲームをする．アンナは最初に，赤の棒を 3 つのピースに分ける．そして，ボリスは白の棒を 3 つのピースに分ける．最後に，アンナは青の棒を 3 つのピースに分ける．9 つのピースを使って，3 辺の色がすべて異なる三角形を 3 つ作れたとき，アンナが勝ちとなる．ボリスはアンナが勝つことを止められるか？

> **例題：** アンナとボリスは，長さが 1 m の 2 つの棒でゲームをする．アンナは最初に，一方の棒を 2 つのピースに分ける．そして，ボリスはもう一方の棒を 2 つのピースに分ける．4 つのピースのうち 3 つを使って三角形が作れたとき，ボリスが勝ちとなる．アンナはボリスが勝つことを止められるか？

> **解答：** ボリスが自身の棒を $\frac{1}{2}$ m の長さの 2 つのピースに分けると，アンナはボリスが勝つことを止めることはできない．アンナが自身の棒をどんな長さに分けても，どちらのピースも 1 m より短く，ボリスの 2 つのピースと組み合わせて，（二等辺）三角形を作ることができる．

---

[11] 訳者注：次のようにしても示すことができる．アンナは全部で 5 個の赤の駒を置く．よって，行に関して高々 2 行しか赤列にできない．列に関しても同様である．したがって，高々 4 点しか取れない．

第3章 計画を実行する

I 1979

1. 2×3 の大きさの板チョコ 15 枚を 7×13 の大きさの箱に，1×1 の大きさの穴を残して箱詰めせよ．

   解答：1 つの方法を図 1 で示している．

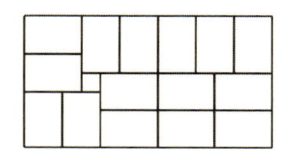

図 1

2. ナターシャの歳は 1979 年に，彼女が生まれた年の各桁の和と等しくなった．彼女の生まれた年は何年か？

   解答：1979 年より前の年の各桁の和の最大値は $9 + 9 + 9 = 27 = 1 + 8 + 9 + 9$ である．よって，ナターシャは 27 歳以下である．彼女が y 年に生まれたとして，その各桁の和を x とする．このとき，$1979 - y = x$ つまり $x + y = 1979$ となる．$x \equiv y \pmod 9$ であることに注意すると，$2x \equiv 8 \pmod 9$ つまり $x \equiv 4 \pmod 9$ となる．$x \leq 27$ なので，x は 4, 13, 22 のどれかである．もし $x = 4$ ならば $y = 1979 - 4 = 1975$ である．もし $x = 13$ ならば $y = 1979 - 13 = 1966$ である．どちらの場合も，各桁の和が x と等しくない．もし $x = 22$ ならば $y = 1979 - 22 = 1957$ であり，各桁の和が x と等しい．したがって，ナターシャは 1957 年に生まれた．

3. 7×6 のチェス盤の 25 個のマスに駒が置かれている．3 つ以上の駒が置かれている，2×2 の大きさの盤の一部分（部分盤）が存在することを示せ．

   解答：そのような部分盤が存在しないとする．チェス盤を一番上の行の 6 マスと，その下側にある 9 個の 2×2 の部分盤に分ける．2×2 の各部分盤は多くとも 2 個の駒しか含んでいない．たとえ一番上の行に 6 個の駒があったとしても，その合計は 24 個にしかならず，矛盾となる．

4. 0 から 9 までの数が 1 つずつ書かれた 10 枚のカードがある．
   (a) 10 枚のカードからどの 3 枚を選んでも，3 桁以下の 3 の倍数を作れることを示せ．
   (b) 9 桁以下の 9 の倍数を常に作ることができるカードの最小枚数はいくつか？

   解答：
   (a) もしその 3 枚のカードのうち 1 枚が 0, 3, 6, 9 のどれかであれば，1 桁の 3 の倍数が作れる．そうでない場合を考える．もし 1, 4, 7 または 2, 5, 8 ならば 3 桁の 3 の倍数を作れる．なぜなら，$1 + 4 + 7 = 12$ と $2 + 5 + 8 = 15$ は 3 の倍数であるからである．もしこれも起こらないとすると，各

3つ組から1つは選ぶことになる．それら2つは和が3の倍数であり，2桁の3の倍数を作る．

(b) 4枚のカードでは十分ではない．なぜならそれらが $1, 3, 4, 7$ であるかもしれないからである．5枚のカードで十分であることを示す．もしそれらのうち1つが0か9であれば，1桁の9の倍数が作れる．よって，そうでないと仮定する．4つのペア $(1, 8), (2, 7), (3, 6), (4, 5)$ を考える．もし5枚のカードを取ると，鳩の巣原理より，4つのペアのうち1つは両方の数を選ぶことになる．それらは2桁の9の倍数を作る．

5. あるクラスは31人の2年生と何人かの3年生からなる．教室には机が19脚あり，各机には1人もしくは2人の生徒が座っている．各少年はちょうど3人の少女と知り合いで，各少女はちょうど2人の少年と知り合いである．このクラスには全員で何人の生徒がいるか？

解答：少年と少女の比率は $2 : 3$ である[1]．よって，生徒の合計人数は5の倍数となる．生徒の合計人数は，31より大きく $19 \times 2 = 38$ 以下であるので，35となる．

II 1980

1. 1から30までの整数が書かれた 5×6 の表を作り，各行の6つの数の和が等しく，各列の5つの数の和も等しくなるようにできるか？

解答：それら30個の数の中には15個の奇数がある．よって，その合計は奇数となる．これは6で割り切れないので，6つの列の和を同じにすることはできない．

2. 23人の生徒の年齢は $10, 11, 12, 13$ 歳のいずれかであり，各年齢の生徒は1人以上いる．彼らの年齢の合計は253歳である．もし12歳の生徒数が13歳の生徒数の1.5倍ならば，12歳の生徒は何人いるだろうか？

解答：12歳と13歳の生徒の人数の合計は5の倍数であり，よって $20, 15, 10, 5$ のいずれかである．10だとすると，彼らの年齢の合計は $6 \times 12 + 4 \times 13 = 124$ となる．しかし，他の13人の年齢の合計は130以上となり，$253 - 124 = 129$ とすることはできない．もし15または20とすると，その差はさらに大きくなる．したがって，12歳は3人，13歳は2人であり，その合計は $3 \times 12 + 2 \times 13 = 62$ となる．残りの18人の年齢の合計は $253 - 62 = 191$ である．これは，もし11歳の人数が $191 - 18 \times 10 = 11$ [2]であれば可能である．まとめると，10歳が7人で，11歳が11人で，12歳が3人で，13歳が2人である．

3. 線分 AB 上に，200個の点を AB の中点に関して対称的に配置する．それらの点のうち半分が赤，残り半分が青である．点 A から各赤点までの距離の総和が点 B から各青点までの距離の総和と等しいことを示せ．

解答：AB の中点に関して点対称な点のペアを考えると，赤赤ペア，青青ペア，赤青ペアの3つの種類がある．半分の点が赤で，残り半分が青なので，赤赤ペアの個数と青青ペアの個数は等しい．A か

---

[1] 訳者注：これは "知り合いである男女のペア" の個数を2通りの方法で数えることで得られる．**2通りの方法で数える**という方法は，組合せ論でよく用いられる証明方法である．（例えば，『離散数学への招待（下）』（J. マトウシェク・J. ネシェトリル著，根上生也・中本敦浩訳，丸善出版）第6章を参照せよ．）少年と少女の人数をそれぞれ x と y とする．各少年はちょうど3人の少女と知り合いであるので，知り合いの男女のペアは全部で $3x$ ある．一方，各少女はちょうど2人の少年と知り合いであるので，知り合いの男女のペアは全部で $2y$ 組ある．よって，$3x = 2y$ であり，$x : y = 2 : 3$ となる．

[2] 訳者注：この計算は鶴亀算の一般的な解法である．

らの距離の総和に対する各「赤赤ペア」の寄与は AB である．B からの距離の総和に対する各「青青ペア」の寄与も AB である．対称性より，各赤青ペアは 2 つの総和に同じだけ寄与する．よって，所望の結論が得られる．

4. 7 枚の本物のコインは同じ重さである．2 枚の偽コインも同じ重さである．偽コインは本物よりも重い．天秤ばかりを使って 4 回以下の測定で偽コインを決定せよ．

    解答：9 枚のコインを各グループ 3 枚ずつ，A，B，C のグループに分ける．最初の 2 回の測定で，A と B，A と C を測る．すると，どちらかは釣り合わない．A と B は釣り合ったが，C は A より軽かったとする．このとき，A と B それぞれに偽コインがある．A と B は釣り合ったが，C が A より重かったとすると，偽コインはどちらも C の中にある．「B が A より重く，A が C より重い」ことも「C が A より重く，A が B より重い」ことも起こらない．もし最初の 2 回の測定のどちらも釣り合わなければ，どちらも A が重いか，どちらも A が軽いかである．前者の場合，A に 2 枚の偽コインがある．後者の場合，B と C それぞれに 1 枚の偽コインがある．残り 2 回の測定が可能なので，1 つのグループに対して 1 回の測定を行うことで，偽コインを決定することができる．

5. 正方形をいくつかの凸五角形に分割せよ．

    解答：1 つの方法を図 2 で示している．

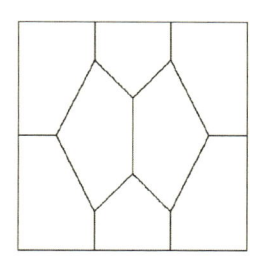

図 2

6. どの 3 本の対角線も 1 点で交わらないような凸多角形上に，地下鉄の路線図がある．どの頂点上にも，またどの 2 本の対角線の交点上にも駅がある．電車は対角線に沿って端から端まで走っているが，必ずしもすべての対角線に沿って走っているわけでない．もしどの駅も 1 つ以上の電車の路線上にあるならば，2 回以下の乗り換えで，任意の駅から任意の他の駅に到達できることを示せ．

    解答：A と B を任意の 2 つの駅とする．A は対角線 KL 上に，B は対角線 MN 上にあるとする．これら 2 つの対角線が交わっているならば，その交点で電車を乗り換えて A から B へに行くことができる．これら 2 つの対角線は交わっていないとする．KLMN は凸四辺形であるとしてよく，KM と LN の交点に駅がある．両対角線のどちらかには（それを KM とする）電車が走っているはずである．このとき，K と M の駅で電車を乗り換えることで A から B へ行くことができる．

III 1981

1. アダムとベティが 3 点満点のテストを 54 回受けた．彼らの点数を確認したところ，アダムは，ベティが 2 点を取った同じ回数だけ 3 点を取り，ベティが 1 点を取った同じ回数だけ 2 点を取り，ベ

ティが 0 点を取った同じ回数だけ 1 点を取った．彼らの平均点が同じでないことを示せ．

解答：アダムがベティより高い点数であったテストにおいて，アダムはベティに 1 点差で勝っている．ベティがアダムより高い点数であったテストにおいて，ベティはアダムに 3 点差で勝っている．もし彼らが同じ平均点であったとすると，アダムがベティに勝った回数はベティがアダムに勝った回数の 3 倍である．よって，テストの回数は 4 の倍数となり，54 とはなり得ない．

2. 1 から 9 までの数をちょうど 1 回ずつ使った 9 桁の数で，差が 1 であるどの 2 つの数の間にも奇数個の数があるものは存在するか？

解答：そのような数が存在したとする．各桁の場所を白黒で交互に塗る．このとき，2 つの連続する数は同じ色の場所に置かれなければならないので，9 つすべての数は同じ色の場所に置かれることになる．これは明らかに不可能である．

3. 三角形の内部に 9 点を置き，三角形の 3 頂点と合わせた 12 点を考える．これら 12 点のうちいくつかのペアを交差のない線分で結ぶことによって，各点が他の 5 点と結ばれ，かつ元の三角形がいくつかの三角形に分割されるようにせよ．

解答：図 3 で示しているように，この配置は二十面体を表している．

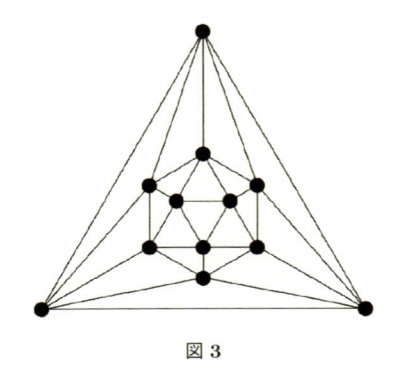

図 3

4. 12 × 12 のチェス盤に駒を置いて，図 4 の形のどの箇所に対しても必ず駒が置かれているようにするために必要な最小の駒数はいくつか？

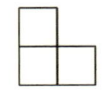

図 4

解答：図 4 の形を V-トロミノと呼ぶ．チェス盤を 36 個の 2 × 2 の部分盤に分割する．ある部分盤に 2 個より少ない駒を置くと，その中の空きマスに V-トロミノが入れられる．よって，各部分盤には少なくとも 2 個の駒を置く必要があり，その結果，合計は 36 × 2 = 72 となる．一方，市松模様のチェス盤における 72 個の各黒マスに駒を置くと，空きマスに V-トロミノは入れられない．

5. 正の整数で，その平方が 123456789 から始まるものは存在するか？

解答：下の筆算からわかるように，$111111111^2 = 12345678987654321$ であることに気付くだろう．

```
                              1 1 1 1 1 1 1 1 1
        ×                     1 1 1 1 1 1 1 1 1
       ─────────────────────────────────────────
        1 1 1 1 1 1 1 1 1
          1 1 1 1 1 1 1 1 1
            1 1 1 1 1 1 1 1 1
              1 1 1 1 1 1 1 1 1
                1 1 1 1 1 1 1 1 1
                  1 1 1 1 1 1 1 1 1
                    1 1 1 1 1 1 1 1 1
                      1 1 1 1 1 1 1 1 1
                        1 1 1 1 1 1 1 1 1
       ─────────────────────────────────────────
        1 2 3 4 5 6 7 8 9 8 7 6 5 4 3 2 1
```

6. ある国では，1 ドル，2 ドル，5 ドル，10 ドルの 4 種類の紙幣がある．合計 400 ドルの紙幣の束から ちょうど 300 ドルを払えることを示せ．

解答：「各束の合計が 10 ドルとなるように 40 個の札束を作ることができる」という主張を示す．10 ドル紙幣は 1 枚ずつで 1 つの束を作る．5 ドル紙幣は 2 枚ずつで 1 つの束を作る．5 ドル紙幣が 1 枚 余ったとすると，残りの総額は 5 の奇数倍となる．よって，それらの紙幣はすべて 2 ドル紙幣とはなり得ない．ここで，余った 5 ドル紙幣に 1 ドル紙幣を追加する．(5 ドル紙幣が 1 枚余っていてもそうでなくても) 残りの紙幣の総額は偶数となる．よって，2 枚の 1 ドル紙幣を 1 枚の 2 ドル紙幣として取り扱うことができる．これにより，上の主張が示される．ちょうど 300 ドルとするためには，その 札束を 30 個使えばよい．

IV　1982

1. 6 桁の数が与えられている．7 桁の数で，その数から 1 桁を削除すると与えられた 6 桁の数になるものはいくつあるか？

解答：与えられた 6 桁の数の一番上の桁の前に，ある数を加える方法は（0 を加えることはできないので）ちょうど 9 通りある．それ以外の箇所に数を加える場合もちょうど 9 通りしかない．なぜなら，加えた箇所の直前の桁と同じ数を加えると，すでに数えた 7 桁の数と同じものになるからである．よって 9 通りとなる．したがって，そのような 7 桁の数は $9 \times 7 = 63$ 個である．

2. バッタはまず初めに 1 cm 跳ぶ．そして，同じ向きか逆向きに 3 cm 跳ぶ．そして，同じ向きか逆向きに 5 cm 跳ぶ・・・ というように繰り返し跳び続ける．バッタは 25 回目のジャンプでスタート地点に戻ることができるか？

解答：奇数 cm のジャンプを奇数回行うと，バッタはスタート地点から奇数 cm の地点にいる．よって，スタート地点に戻ることはできない．

3. 5×5 のチェス盤の各マスが無作為に赤か青で塗られている．ある 2 行とある 2 列に対して，それらが交差する 4 つのマスがすべて同じ色となることを示せ．

解答：各マスを赤と青に塗る．3 つ以上の赤マスを含む列を赤の列と呼び，3 つ以上の青マスを含む列を青の列と呼ぶ．1 列には 5 マスあるので，各列は赤か青のどちらかである．鳩の巣原理より，5 列

のうち3列以上は赤の列もしくは青の列である．対称性より，それらを赤の列とする．他の2列を削除してできる 5×3 の長方形には，9個以上の赤マスがある．ここで，2つの場合を考える．

場合1. ある行が3個の赤マスからなる．

他の4行それぞれが高々1つの赤マスしか含んでいないとすると，赤マスの合計が9より少なくなる．よって，2つ以上の赤マスを含む別の行がある．したがって，所望の結論が得られる．

場合2. 各行が赤マスを2個以下しか含んでいない．

ちょうど2個の赤マスを含む行が4つある．鳩の巣原理より，これらのうち2つは同じ2列に赤マスを持つ．したがって，所望の結論が得られる．

4. 2つの正の整数の和が770であるとき，これらの積が770で割り切れないことを示せ．

解答： n を2つの正の整数のうちの1つとする．このとき，もう一方は $770 - n$ となる．もし770が $n(770 - n) = 770n - n^2$ を割り切るとすると，$770 = 2 \times 5 \times 7 \times 11$ は n^2 を割り切る．したがって，$2 \times 5 \times 7 \times 11$ は n を割り切らなければならない．しかし，$0 < n < 770$ なので，n は770で割り切れない．よって矛盾となり，結論が示された．

5. 立方体の辺に $1, 2, 3, \cdots, 12$ のラベルを付けて，6つの各面の4つの辺のラベルの和が同じになるようにせよ．

解答： 図5は解となる多くのラベル付けの1つを示している．

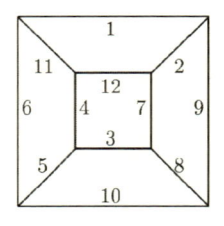

図 5

6. アンナとボリスは100個の駒が積まれた山を使ってゲームをする．アンナが先手で，それ以降は交互に手を打つ．各手番において，プレイヤーは2つ以上の駒がある山を2つの山に分ける．各山がちょうど1つの駒となったとき，この操作ができなくなり，そのときに手番であるプレイヤーが負けとなる．このゲームではアンナが必ず勝つことを示せ．

解答： 各手番で山の個数は1つ増える．最初は1つの山しかなく，最後は100個の山がある．よって，2人のプレイヤーによって，99回の（分ける）操作が行われた．99は奇数であり，アンナが先手であるので，彼女は最後の手を打ち，ゲームに勝つこととなる．

V　1983

1. チェスの総当たり戦において，各参加者は自身以外の参加者全員とちょうど1回ずつ対戦する．参加者は勝つと1点を，引き分けると1/2点を，負けると0点を得る．30人の参加者のうち，18点以上の点数を取ることができるのは最大何人か？

解答：18 点以上取った参加者を優等生といい，そうでない参加者を劣等生と呼ぶ．最初に，優等生が 24 人いるとする．彼らの点数の合計は $24 \times 18 = 432$ 点以上である．彼らの間で行ったゲームは $\frac{24 \times 23}{2} = 276$ ゲームであり，その中で 276 点が得られる．たとえ彼らが 6 人の劣等生に対してすべてのゲームで勝ったとしても，彼らは $24 \times 6 = 144$ 点しか得ることができず，$276 + 144 = 420$ 点では 432 点に足りない．優等生が 23 人となり得ることを示す．彼らの各々が他の 22 人の優等生と引き分けた上で 7 人の劣等生すべてに勝つと，それぞれの合計点数は $11 + 7 = 18$ となる．

2. 10×20 の大きさの板チョコ 10 枚が 20 個の三角形に分割されている．それらを正方形の箱にすき間なく詰めよ．

解答：図 6 のように詰め込むことができる．

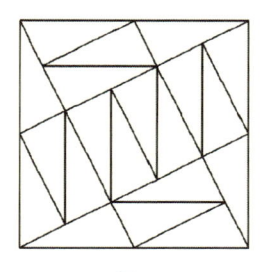

図 **6**

3. ベニー，デニー，ケニー，レニーはそれぞれ，常に嘘を言うか，もしくは常に真実を言う．ベニーが「デニーは嘘つきである」と言った．レニーが「ベニーは嘘つきである」と言った．ケニーが「ベニーとデニーはどちらも嘘つきである」と言った．さらにケニーは「レニーは嘘つきである」と言った．常に嘘を言うのは誰で，常に真実を言うのは誰か？

解答：ベニーが「デニーは嘘つきである」と言ったので，ベニーとデニーのうちちょうど 1 人が嘘つきである．ケニーが「ベニーとデニーはどちらも嘘つきである」と言ったので，ケニー自身が嘘つきである．ケニーはさらに「レニーは嘘つきである」と言ったので，レニーは常に真実を言う．レニーが「ベニーは嘘つきである」と言ったので，ベニーは嘘つきであり，デニーは常に真実を言う．

4. 円周上に並んだ 8 つの数から 1 人ゲームを始める．各数は 1 または -1 であり，それらは無作為に配置されている．各手番では，任意の連続する 3 つの数を -1 倍することができる．8 つのすべての数を 1 にできることを示せ．

解答：数が並んでいる場所に 1 から 8 のラベルを時計回りに付ける．常に 5 手をまとめて打つとする．例えば $(8,1,2),(2,3,4),(3,4,5),(5,6,7),(6,7,8)$ の数の符号を変えたとすると，最終的に変化するのは 1 の場所の数の符号だけである．よって，一度に 1 つの数の符号を変えることができるので，すべての -1 を 1 にすることは難しくない．

5. ミュンヒハウゼン男爵はタイムマシンを持っていて，3 月 1 日から他の年の 11 月 1 日に，4 月 1 日から 12 月 1 日に，5 月 1 日から 1 月 1 日に，というように（他の年の 8 ヶ月後の日付に）移動できる．彼は移動したその日に再び移動することはできない（つまり，翌月以降の 1 日まで待つ必要がある）．男爵は，タイムトラベルを 4 月 1 日に開始して 4 月 1 日に終了して，「26 ヶ月間，旅に出てい

た」と言った．彼が間違っていることを示せ．

解答：1月，5月，9月を赤に，2月，6月，10月を黄に，3月，7月，11月を青に，4月，8月，12月を緑に対応付ける．男爵がタイムマシンを使うと同じ色の月に辿り着くが，タイムマシンを再び使うまでに少なくとも1ヶ月は待たなければならない．もし彼がタイムマシンを使わない場合も，やはり少なくとも1ヶ月は待たなければならない．よって，彼は周期的に赤，黄，青，緑の月を過ごさなければならない．彼は緑の月から出発して緑の月に戻るので，彼の不在であった月数は4の倍数となり，26とはなり得ない．

6. 4つの異なる1桁の数が与えられている．それらの数をちょうど1回ずつ使ってできる最大の4桁の数を作る．そして，それらの数をちょうど1回ずつ使ってできる最小の（0から始まらない）4桁の数を作る．これら2つの数の和が10477であったとき，与えられた4つの数はいくつであったか？

解答：もし2つの4桁の数が互いに桁を逆順にして得られるものならば，それらの和は11で必ず割り切れることを示す．2つの数の千の位の和は一の位の和の1000倍であり，$1000 + 1 = 1001$ は11の倍数である．2つの数の百の位の和は十の位の和の10倍であり，$10 + 1 = 11$ である．よって，上記の主張が示された．10477は11で割り切れないので，2つの4桁の数は桁を逆順にして得られるものではない．そのようになるのは，与えられた4つの数の1つが0（= 最小の4桁の数の千の位とならない数）のときだけである．よって，0が最大の数の一の位であり，かつ最小の数の百の位である．2つの数の和は10477なので，最小の数の一の位は7であり，よって最大の数の千の位は7である．したがって，（最小の数の百の位は0であり）百の位からの繰り上がりがないことから，最小の数の千の位は3に限られる．このとき，3は最大の数の十の位でもある．すると，最小の数の十の位は4となり，それは最大の数の百の位でもある．したがって，与えられた4つの数は7, 4, 3, 0でなければならず，和は $7430 + 3047 = 10477$ である．

VI 1984

1. 400桁の数 84198419…8419 の上からいくつかの桁と下からいくつかの桁を削除することで，残った数の各桁の和を1984にできることを示せ．

解答：8419の各桁の和は22である．360桁の数 1984…1984 の各桁の和は1980である．この和を4増やす必要がある．よって，最上位の8と下位38桁 1984…198419 を削除して，361桁の数 41984…1984 を残せばよい．

2. 0でない数が書かれた4×4の表を作り，そこに含まれるどの2×2，3×3，4×4の部分からなる表の四隅の数の和も0となるようにせよ．

解答：図7は多くの解のうちの1つを示している．

-1	2	-2	1
-2	1	-1	2
2	-1	1	-2
1	-2	2	-1

図7

3. 線分 AB を含む直線上に 45 点の印が付けられていて，そのどの点も線分 AB 上にない．これらの点からの A への距離の総和は B への距離の総和と等しくならないことを示せ．

　　解答：45 点のどの点に対しても，A からの距離と B からの距離の差は ±AB である．±AB の奇数個の和は 0 とならない．

4. 無限に広いチェス盤の各マスが 8 色のうちの 1 色で塗られている．図 8 の形をしたものを置いて（回転や裏返ししてよい），同じ色の 2 つのマスを覆えることを示せ．

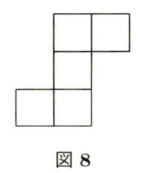

図 8

　　解答：鳩の巣原理より，3×3 のチェス盤のうち 2 マスは同じ色でなければならない．2 マスが 3×3 のチェス盤のどの位置であっても図 8 の形をしたものによって（必要であれば回転や裏返しすることで）覆える．

5. 図 9 で示したような，各々に数字が書かれている 6 つの扇形に分割された円で 1 人ゲームを始める．各手番では，隣り合う 2 つの扇形を選び，そこに書かれた 2 つの数の両方に 1 を足すことができる．6 つすべてを同じ数にできないことを示せ．

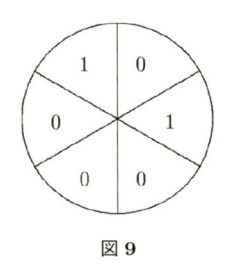

図 9

　　解答：2 つの 1 が赤になるように扇形を赤と青で交互に塗る．最初は赤の扇形の数の和 r は 2 であり，青の扇形の数の和 b は 0 である．各手番において，r と b はどちらも 1 増える．よって，常に $r \neq b$ となり，6 つすべての数を等しくすることは不可能である．

6. アンナとボリスは，1 から 100 までの数が一列に順番に並んでいる状態からゲームを始める．アンナが先手で，それ以降は交互に手を打つ．各手番において，プレイヤーは演算子 $+$, $-$, $\times$ のうち 1 つを，演算子が間に入っていない 2 つの数の間に置き，演算子を置くたびに計算する．99 個の演算子を置いたあとの値が奇数ならアンナの勝ち，偶数ならボリスの勝ちとする．アンナに必勝法があることを示せ．

　　解答：パリティだけの問題であるので，すべての $-$ を $+$ に置き換えることができる．偶数を 0 で表し，奇数を 1 で表す．アンナは最後の 2 つの数を足すことから始めて，最初と最後が 1 である交互列にする．ボリスが $\times$ を挿入したとすると，それは必ず 0 と 1 の間に入り，2 つの隣接する 0 が作られる．アンナはそれらの間に $+$ を挿入する．ボリスが $+$ を挿入したとすると，それは必ず 0 と 1 の

間に入り，2つの隣接する1が作られる．アンナはそれらの間に × を挿入する．どちらの場合も，その列は2桁短くなるが，交互列のままである．さらに，ボリスが「最初の2つの数の間」または「最後の2つの数の間」に × を挿入した場合を除き，その交互列は最初と最後が1のままである．ボリスが「最初の2つの数の間」または「最後の2つの数の間」に × を挿入した場合は，アンナはそれぞれ「最初の2つの数を足す」または「最後の2つの数を足す」ことで，最初と最後が1である交互列を作れる．最終的に，列は101まで短くなり，アンナが勝つ．

VII　1985

1. 重さが異なる68枚のコインがある．天秤ばかりでちょうど100回測って，最も重いコインと最も軽いコインを見つけよ．

   解答： 最初にコインを34組のペアにして，それぞれを測定して重いグループと軽いグループに分ける．最も重いコインは重いグループに含まれているはずである．33回の測定を行えば，1回で1枚のコインを排除できて，最も重いコインを決定できる．同様にして，軽いグループのコインを33回測定することで，最も軽いコインが決定される．測定の合計回数は $34 + 33 + 33 = 100$ である．

2. ある45桁の数は1個の1，2個の2，3個の3，$\cdots$，9個の9からなる．この数はある整数の平方とはならないことを示せ．

   解答： この数の各桁の和は $1^2 + 2^2 + \cdots + 9^2 = \frac{9 \times 10 \times 19}{6} = 3 \times 95$ である．これは3で割り切れるが9では割り切れず，ある整数の平方とはなり得ない．

3. いくつかの都市があり，どの2都市間の距離も異なる．ある旅人が，自宅のある都市Aを出発してAから最も遠い都市Bに行った．次に彼はBを出発して，Bから最も遠い都市Cへ行った．これを繰り返す．もしCとAが異なる都市ならば，その旅人は決して自分の家に辿り着けないことを示せ．

   解答： CがAと異なる都市であるとき，BCの長さはABより長い．さらに，旅人はCからAへ行くことができない．もしそうでなければ $CA > BC > AB$ となり，Bが最初の目的地とはならないからである．もし旅人がCからBに戻るならば，旅人はBとCの間を永遠に旅することになる．もし旅人が都市Dに移動したとすると，$CD > BC > AB$ となる．よって，移動した2都市間の距離は減少せず，これまでと同様，Aに戻ると矛盾が生じる．

4. 1000個の数で，その和と積が等しくなるものを見つけよ．ただし，同じ数を含んでいてもよい．

   解答： 1000未満の最大数である999を因数分解すると，$999 = 27 \times 37$ となる．このとき，$28 \times 38 - (28 + 38) = (28 - 1) \times (38 - 1) - 1 = 998$ となる．28と38に加えて998個の1を取ることで，和と積がどちらも $28 \times 38 = 1064$ となる1000個の数を得る．

5. 300足の靴のうち，100足はサイズが8で，100足はサイズ9で，100足はサイズ10である．そして，その300足のうち，150足が右の靴で，150足が左の靴である．同じサイズの右の靴と左の靴のペアが50組以上あることを示せ．

   解答： 各サイズにおいて，何組かの左右の靴のペアと，何足かのペアにならなかった靴がある．左右の靴のペアの合計が50組より少ないとする．このとき，200足よりも多くのペアにならなかった靴がある．対称性より，サイズ8と9でペアにならなかった靴はすべて左の靴としてよく，サイズ10でペアにならなかった靴はすべて右の靴としてよい．左の靴の総数と右の靴の総数は等しいので，サイ

ズ 10 でペアにならなかった右の靴は 100 足より多い．サイズ 10 の靴は 100 足しかないので，矛盾となる．

6. 1 から 10 までの数字が書かれた 10 個の箱が無作為に 2 つの山に積まれている状態から 1 人ゲームを始める．各手番では，一方のてっぺんからいくつかの箱を取って，それらをもう一方のてっぺんに置くことができる．19 手以内に，一番下が 1 で一番上が 10 となるように順番に積まれた 10 個の箱の山が作れることを示せ．

解答：箱 1 を含む山が場所 A にあり，もう一方の山が場所 B にあるとしてよい．最初の操作で，A の山のすべての箱を B の山の上に置く．2 回目の操作で，箱 1 とその上にあるすべての箱を A に置く．3 回目の操作で，箱 1 の上にあるすべての箱を取って，それらを B の山の上に置く．4 回目の操作で，箱 2 とその上にある箱すべてを A に置く．18 回の操作のあと，箱 1 から箱 9 が正しい位置になる．（もし必要であれば）19 回目の操作で任務は完了する．

VIII 1986

1. 7, 8, 9, 4, 5, 6, 1, 2, 3 のカードがこの順に一列に並んでいる状態から 1 人ゲームを始める．各手番では，連続して並ぶカードを好きな枚数だけ取り，それらの順序を逆にして，元の場所に戻すことができる．カードを 1, 2, 3, 4, 5, 6, 7, 8, 9 の順に並べるための手順を示せ．

解答：図 10 に示すように，3 回の操作で完了する．ただし，影付きカードは動かさない．

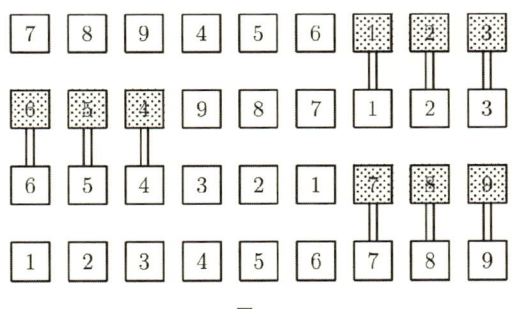

図 10

2. 標準のチェス盤上に 44 個のクイーンの駒がある．各クイーンに対して，少なくとも 1 個の他のクイーンが利き筋にあることを示せ．

解答：クイーンは横の 7 マスと縦の 7 マスと斜めの 7 マス以上が利き筋である．あるクイーンに対してどのクイーンも利き筋にないならば，21 マスは空きマスになっている．よって 44 + 21 = 65 マス必要となるが，チェス盤は 64 マスしかない．

3. a と b を $34a = 43b$ を満たす正の整数とする．$a + b$ が合成数であることを示せ．

解答：$34a = 43b$ なので，$a = \frac{43}{34}b$ であり，よって $a + b = \frac{43}{34}b + b = \frac{77}{34}b$ である．77 と 34 は互いに素なので，$a + b$ は 77 で割り切れなければならない．$77 = 7 \times 11$ なので，$a + b$ は合成数である．

4. 何枚かの同じ丸いコインをテーブル上に置いて，各コインがちょうど3枚の他のコインに触れるようにせよ．

解答：図11は4枚のコインの4つのグループを表している．各グループ内で，2枚のコインは他の3枚のコインすべてと接していて，残りの2枚は他の2枚とだけ接している．これらの2枚の(端にある)コインはすべて他のグループの端のコインに接している．

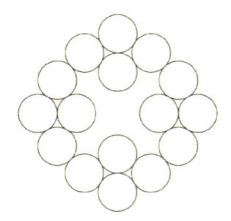

図11

5. 55個の数が円周上に置かれていて，各数はその両隣の数の和である．このとき，それら55個の数はすべて0となることを示せ．

解答：その数を $a_1, a_2, \cdots, a_{55}$ とする．このとき，$a_3 = a_2 - a_1$，$a_4 = a_3 - a_2 = -a_1$ である．よって $a_7 = a_1$ となり，$a_{55} = a_1$ であることがわかる．$a_1 = a_{55} + a_2$ なので，$a_2 = 0$ となる．55個の数のどれを a_1 と見なしてもよいので，すべての数が0となることがわかる．

6. (a) 各桁が異なる7桁の数で，各桁の数で割り切れるものを求めよ．
   (b) この性質を持つ8桁の数は存在するか？

解答：この2問を逆順に解く．

(b) 明らかに，求める数のどの桁も0でない．さらに，必ず偶数の桁を含むので，どの桁も5にはならない．よって，$1, 2, 3, 4, 6, 7, 8, 9$ をすべて含むことになる．それらの和は40であるが，そのような数は9で割り切れない．

(a) 40以下の最大の9の倍数は36である．よって，($1, 2, 3, 4, 6, 7, 8, 9$ から) 4を取り除く．それらによって作られる数は1でも3でも9でも割り切れる．最後の桁が偶数ならば，それは2でも6でも割り切れる．少しの計算で，1369872は7でも8でも割り切れることがわかる．

IX　1987

1. 図12の左の 4×4 の表から1人ゲームを始める．各手番では，任意の行のすべての数に1を足す，もしくは，任意の列のすべての数から1を引くことができる．どのように手を打てば，図12の右の表を得ることができるか？

1	2	3	4
5	6	7	8
9	10	11	12
13	14	15	16

1	5	9	13
2	6	10	14
3	7	11	15
4	8	12	16

図12

解答：1行目に1を9回足し，2行目に1を6回足し，3行目に1を3回足すと，図13の表のようになる．これは主対角線に関して対称的である．所望の表にするために，1列目から1を9回引いて，2列目から1を6回引いて，3列目から1を3回引けばよい．

10	11	12	13
11	12	13	14
12	13	14	15
13	14	15	16

図 13

2. ある国では，1ドル，10ドル，100ドル，1000ドルの4種類の紙幣がある．ちょうど50万枚の紙幣がちょうど100万ドルとなることがあるか？

解答：各紙幣の価値を1ドル下げるとする．50万枚の紙幣を持っているので，総額は50万ドル減少する．各紙幣の価値は9の倍数であるが，50万ドルは9の倍数ではない．よって，そのような状況は起こりえない．

3. 6つの都市はそれぞれ，5本の道路で他のすべての都市と結ばれている．道路の交差が3箇所だけで起こり，その各交差点ではちょうど2本の道路が交差するようにできることを示せ．ただし，都市での合流点は交差しているとは考えない．

解答：そのような配置を図14に示している．

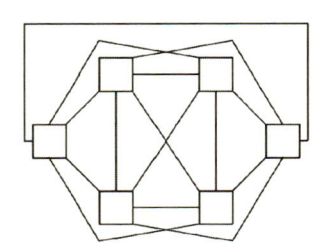

図 14

4. ホットドッグの値段とハンバーガーの値段はどちらも整数のセントである．各少年がホットドッグを買って，各少女がハンバーガーを買ったときに全員が支払った合計額は，各少年がハンバーガーを買って，各少女がホットドッグを買ったときより1セント多い．少年の人数が少女の人数より多いとき，その差は何人か？

解答：支払った合計額の変化は少年と少女の人数の差の倍数である．この変化は1なので，少年は少女より1人多い．

5. 000000 から 999999 までの6桁の数のうち，上3桁の和が下3桁の和と等しいものを**ラッキーナンバー**と呼ぶ．「ある大きさからなる連続する数の集合をどのように選んでもその集合にラッキーナンバーが必ず含まれる」ような集合の大きさの最小値はいくつか？

解答：最初のラッキーナンバーは 000000 である．2 番目は 001001 である．よって，集合の大きさが 1000 以下のとき，最初の数が 000001 である集合はラッキーナンバーを含まない．ここで，集合の大きさが 1001 であればよいことを示す．上 3 桁と下 3 桁が同じである 6 桁の数をフォーチュンナンバーと呼ぶ．つまり，すべてのフォーチュンナンバーはラッキーナンバーである．1 つのフォーチュンナンバーと次のフォーチュンナンバーの間の差は 1001 なので，所望の結論を得る．

6. アンナとボリスは，9×9 のチェス盤上でゲームを行う．アンナが先手で，それ以降は交互に手を打つ．各手番において，アンナは空マスに赤の駒を置き，ボリスは空マスに青の駒を置く．チェス盤のマスがすべて埋まったとき，赤の駒が青の駒より多い行を赤行と呼び，そうでなければ青行と呼ぶ．赤列と青列も同様に定義する．アンナの得点は赤行と赤列の総数であり，ボリスの得点は青行と青列の総数である．アンナは最高で何点取ることができるか？

解答：図 15 のように，チェス盤を中央のマスと 40 個のドミノに分割する．最初に，アンナが 10 点取れることを示す．彼女は初めに赤の駒を中央のマスに置く．そのあと彼女は，ボリスが青の駒を置いた同じドミノ内に赤の駒を置く．彼女は 5 行目と 5 列目で得点し，また 1 行目と 2 行目のどちらか，1 列目と 2 列目のどちらか，3 行目と 4 行目のどちらか，3 列目と 4 列目のどちらか，6 行目と 7 行目のどちらか，6 列目と 7 列目のどちらか，8 行目と 9 行目のどちらか，8 列目と 9 列目のどちらかでそれぞれ得点する．

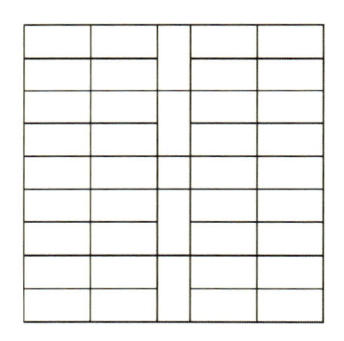

図 15

次に，ボリスがアンナを 10 点以下にすることができることを示す．アンナがドミノに赤の駒を置くごとに，ボリスは同じドミノに青の駒を置く．アンナが中央のマスに赤の駒を置いたとき，ボリスは適当なマスに置く．もしアンナが，ボリスが先に置いたドミノを埋めたならば，ボリスは中央のマス以外の適当なマスに置く．最終的にアンナは中央のマスに赤の駒を置かなければならない．点数は先の例と全く同じとなる．

X　1988

1. 3×3 の表の各マスに 0 が入った状態から 1 人ゲームを始める．各手番では，4 つ存在する 2×2 の部分のうち 1 つを選び，そのすべての数に 1 を足すことができる．図 16 の表を得ることはできるか？

4	9	5
10	18	12
6	13	7

図 16

解答：2×2 の各部分は中央のマスと角のマスのちょうど 1 つを含む．よって，どの手番においても，

中央のマスの数は 4 つ角のマスの数の和と等しい．$18 \neq 4 + 5 + 6 + 7$ なので，この表を得るのは不可能である．

2. 1 人の先生と 30 人の生徒がそれぞれ，1 から 30 までの数が書かれた 30 枚のカードを 1 組ずつ持っている．彼らは全員，各々の 1 組の一番上のカードをめくる．生徒のカードの数字が先生のカードの数字と一致したとき，生徒は 1 点獲得する．すべてのカードをめくったあと，各生徒は異なる点数を獲得した．1 人の生徒が 30 点を獲得したことを示せ．

解答：どの生徒も 29 点を取ることはできない．よって，30 通りの異なる点数は $0, 1, 2, \cdots, 27, 28, 30$ でなければならない．

3. 1 から 100 までの正の整数を 1 行に並べ替えて，隣り合うどの 2 数の差も 50 以上にすることはできるか？

解答：求める配置は $51, 1, 52, 2, 53, 3, \cdots, 99, 49, 100, 50$ である．

4. 0 でない 2 つの整数で，一方がそれらの和で割り切れ，もう一方がそれらの差で割り切れるものは存在するか？

解答：もし 2 つの整数がどちらも正または負ならば，それらの和の絶対値はどちらの絶対値よりも大きい．よって，どちらもその和で割り切れない．もし一方が正でもう一方が負ならば，それらの差の絶対値はどちらの絶対値よりも大きい．よって，どちらもその差で割り切れない．したがって，求める 2 つの整数は存在しない．

5. 山積みの 1001 個の駒から 1 人ゲームを始める．各手番において，3 つ以上の駒からなる 1 つの山を選び，1 つの駒を取り除き，残りの駒を 2 つの山に分ける．ただし分けられた 2 つの山の駒の個数は等しくなくてもよい．何回かの手番のあと，残っている各山がちょうど 3 つの駒を含むようにできるか？

解答：山の数と駒の数の和を考える．この和は最初は $1001 + 1 = 1002$ である．各手番で，1 つ山が作られ，1 つ駒が減る．よって，その和は変化しない．この操作が可能ならば，その和は 4 で割り切れなければならない．しかし 1002 は 4 で割り切れない．

6. 8×8 のチェス盤の 64 個のすべてのマスが白である状態から 1 人ゲームを始める．各手番では，一番外側のマスからチェス盤に入り，共通の辺を持つマスへの移動を繰り返したあと，一番外側のマスからチェス盤の外に出ることができる．マスを訪れるたびに，白いマスは黒に，黒いマスは白に変化する．普通のチェス盤のような市松模様を作ることができるか？

解答：任意のパターンを作ることが可能である．なぜなら 1 つの手番でちょうど 1 マスの色を変化させることができるからである．そのマスに訪れるために任意の道筋を辿り，同じ道筋で戻る．目標のマス以外のマスは偶数回訪れて，その色は元と同じである．

XI　1989

1. 5 年生，6 年生，7 年生，8 年生，9 年生，10 年生に対するコンテストはそれぞれ 7 つの問題からなる．各コンテストにおいて，ちょうど 4 つの問題が他のどの学年のコンテストにも出題されていない．これら 6 つのコンテストにおいて出題された問題のうち，異なる問題の最大数はいくつか？

解答：各コンテストにおいて 4 つの問題は（他学年と）重複しておらず，それらを合わせると $6 \times 4 = 24$ 問の異なる問題となる．異なる問題の数を最大化するためには，重複した問題はちょうど 2 回現れなければならず，$6 \times 3 \div 2 = 9$ 問となるので，合わせて $24 + 9 = 33$ 問となる．これは，次のようにすれば簡単に実現できる．5 年生と 6 年生に対するコンテストに 3 問の共通問題があり，7 年生と 8 年生に対するコンテストに 3 問の共通問題があり，9 年生と 10 年生に対するコンテストに 3 問の共通問題がある．

2. 000000 から 999999 までの 6 桁の数の中に，上 3 桁の和が下 3 桁の和と等しい数は各桁の和が 27 である数と同数あることを示せ．

解答：2 つの数の和が 9 であるとき，一方はもう一方の補数であるという．各桁の和が 27 である 6 桁の数を考える．上 3 桁の各桁をその補数と置き換えると，上 3 桁の和が下 3 桁の和と等しい 6 桁の数を得る．この置き換えは逆操作も可能であり，その一対一対応から所望の結論を得る．

3. 鉄道模型のセットには，図 17 に示した 2 種類の線路のパーツがある．それらはひっくり返すことができない．2 つのパーツをつなげるとき，一方の凸形の端はもう一方の凹形の端に合わせなければならない．このルールのもとで作った環状の線路を分解して，1 つのパーツを他の種類の 1 つのパーツによって置き換えた．上のルールに従ってそれらのパーツを再び組み立てて，1 つの環状の線路にすることは不可能であることを示せ．

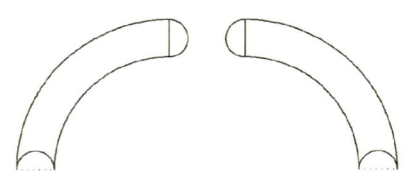

図 17

解答：図 18 に示すように，各パーツに矢印を置く．環状の線路に沿って進み，パーツからパーツに移動するとき矢印の向きの変化を記録する．時計回りのパーツを進むと矢印は時計回りに 90° 回転し，反時計回りのパーツを進むと矢印は反時計回りに 90° 回転する．出発したパーツに戻ったとき，その矢印は元の向きとなる．これは，時計回りのいくつかの回転が反時計回りのいくつかの回転によって打ち消されたことを意味している．これら 2 つの種類の回転の回数の差は $360° \div 90° = 4$ の倍数である．よって，2 つの種類のパーツの個数の差も 4 の倍数である．あるパーツを他の種類のパーツに置き換えたとき，その差は 4 では割り切れない偶数となる．したがって，環状の線路を再び組み立てることはできない．

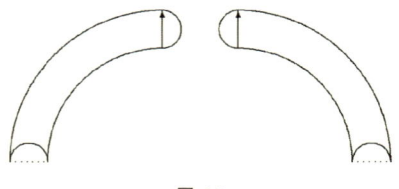

図 18

4. 重さが異なる 32 枚のコインがある．天秤ばかりで 35 回測定して，最も重いコインと 2 番目に重いコ

インを見つけよ.

解答:最初にコインを 16 組のペアにして,それぞれを測定して結果を記録する.軽いグループの 16 枚のコインを脇に置く.そして,重いグループを 8 組のペアにして,それぞれを測定して結果を記録する.最も重いコイン以外のすべてが脇に置かれるまでこれを続ける.ここまでで,はかりを $16 + 8 + 4 + 2 + 1 = 31$ 回使った.2 番目に重いコインは最も重いコインによって排除された 5 枚のコインのうちの 1 枚であるはずなので,4 枚のコインを排除するためにさらに 4 回測ればよい.

5. 次の条件を満たす 2 つの 6 桁の数を求めよ:一方の数をもう一方の数の後ろに書くことで得られる 12 桁の数が,それらの数の積によって割り切れる.

解答:上位 6 桁の数はそれ自身および 12 桁の数を割り切るので,それは下位 6 桁の数も割り切らなければならない.この割り算の商は 1 桁の数 d となり,d に 1000000 を足すと,その和は下位 6 桁の数で割り切れる.$1000001 = 101 \times 9901$ は役に立たないが,$1000002 = 2 \times 3 \times 166667$ は 166667333334 を導く.実際,$\frac{166667333334}{166667 \times 333334} = \frac{1000002}{333334} = 3$ となる.

6. アンナとボリスは,10×10 のチェス盤上でゲームを行う.アンナが先手で,それ以降は交互に手を打つ.各手番において,プレイヤーは空マスに赤の駒か緑の駒を置く.縦,横,斜めの連続する 3 マスに同じ色の駒を並べたプレイヤーが勝ちとなる.どちらのプレイヤーに必勝法があるか?

解答:ボリスには必勝法がある.アンナの手によってボリスが直ちに勝てる局面となったときは,もちろん彼は勝ちとなる手を打つ.もしそうでなければ,彼は,アンナが駒を置いたマスとチェス盤の中心に関して点対称となるマスに,アンナが置いた駒とは異なる色の駒を置く.ボリスは決してアンナが勝てる局面を作らない.なぜなら,対称性より,アンナは 1 つ前の手番で,ボリスが勝てる局面にしているはずだからである.したがって,ボリスは負けることはない.チェス盤がすべて埋まり,引き分けになったとする.図 19 は,中央の 2×2 の部分に異なる色の 2 つの駒[3]が置かれていて,アンナが f6 のマスに赤の駒を置いた直後の中央の 4×4 の部分を表している.

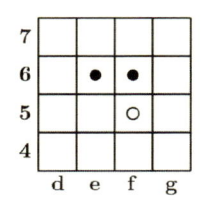

図 19

g6 のマスには赤の駒が置かれていないことに注意せよ.さもなければボリスが f6 のマスに赤の駒を置いて,勝っていたはずだからである[4].もしそれが空きマスならば,ボリスはそこに赤の駒を置くことで勝つ.そこに緑の駒が置かれているとする.明らかに,e4 のマスには緑の駒が置かれていない.それは空きマスでもない.さもなければ,ボリスはそこに緑の駒を置いて勝っていたはずだからである.もしそこに赤の駒が置かれているならば,ボリスは e5 に赤の駒を置くことで勝つ.よって,引き分けは起こりえない.

---

3 訳者注:f5 のマスの駒は緑,e6 のマスの駒は赤である.
4 訳者注:アンナが f6 のマスに赤の駒を置く直前の手でボリスが g6 のマスに赤の駒を置いたとすると,その手の前に緑の駒が d5 と f5 のマスに置かれており,ボリスは e5 のマスに緑の駒を置けば勝てる状況なので,そのようなことは起こらない点に注意する必要がある.他にも,同様の確認が必要な点がいくつかある.

XII 1990

1. ポーラは，自身のノートの中の96枚のシートに1ページごとに1から192まで順に番号を付けている．ニックが無作為に25枚のシートを切り取り，その50ページのページ数をすべて足した．その和が1990と等しくなることはないことを示せ．

   解答：1枚のシートの2ページの数の和は奇数になる．25個の奇数の和は奇数であり，1990と等しくなることはない．

2. 101枚のコインのうち100枚が本物で，それらは同じ重さを持つ．偽コインの重さは本物のコインと異なる．偽コインが重いのか軽いのか，天秤ばかりで2回測定して決定せよ．どれが偽コインかを決定する必要はない．

   解答：まず最初に，101枚のうち，100枚を50枚ずつにしてそれらを測る．もし釣り合えば，残っている1枚のコインが偽コインであり，2回目の測定でこの問題は解決する．最初の測定で釣り合わなかったとする．このとき，偽コインはどちらかの皿に載っている．重い方の皿のコインを25枚ずつにしてそれらを測る．もし釣り合えば偽コインは軽い．そうでなければ偽コインは重い．

3. 5×11の大きさの板チョコ39枚を39×55の大きさの箱に詰めることができるか？

   解答：これが可能であるとする．そうすると，箱の長さ39の辺は長さ5または11の線分に分割される．長さ11の線分の数は0, 1, 2, 3であり，残りの長さはそれぞれ39, 28, 17, 6となる．それは長さ5の線分で構成されることになるが，これら4つの数はどれも5で割り切れない．よって，矛盾を得る．

4. アンナとボリスは，黒板に書かれた1234という数からゲームを始める．アンナが先手で，それ以降は交互に手を打つ．各手番においてプレイヤーは，黒板の数から0でない桁を1つ選び，その数を黒板の数から引いたものを新しく黒板に書く．黒板の数を0にしたプレイヤーが勝者となる．アンナまたはボリスのどちらに必勝法があるか？

   解答：アンナが勝つための初手は1234 − 4 = 1230である．彼女の戦略は一の位が0になる数をボリスに残すことである．もしその数がすでに0であれば彼女は勝っている．そうでなければ，一の位の0より上に0でない桁が1つ以上ある．ボリスは0でない桁の数を引かなければならず，一の位が0でない数が残る．よって，アンナは一の位の数を引くことができ，必勝形を保ったまま続けることができる．

5. 3人の学生が全部でちょうど100問の問題を解いた．各学生はちょうど60問解いた．彼らのうち1人だけが解いた問題は難しいと考えられ，全員が解いた問題は易しいと考えられる．難しい問題は易しい問題よりちょうど20問多いことを示せ．

   解答：3 × 60 − 100 = 80であることに注意せよ．80ある解答の重複がすべて異なる問題で起きているとすると，易しい問題が0問，難しい問題が100 − 80 = 20問となり，確かに20 − 0 = 20となる．易しい問題を1問増やすと，2人に解かれた問題が1問なくなり，難しい問題が1問作られる．易しい問題の数と難しい問題の数は同じ数だけ変化するので，その差は20のままである．

6. あるクラブのどの少年に対しても，その少年と知り合いの少女は全員お互いに知り合いである．各少女は知り合いの少女より知り合いの少年の方が多い．このクラブの少年の人数は少女の人数以上であ

ることを示せ.

解答：次のように何人かの少女を選んで委員会を構成する.まず任意の少女を委員会に入れる.そして,ある少女が,すでに委員会に入っているどの少女とも知り合いでなければ,委員会に入会させる.最終的に,どの少女も新たに委員会に加えることができなくなる.このとき,委員会内のどの 2 人の少女も互いに知り合いではないが,それ以外の少女は委員会の少なくとも 1 人と知り合いである.委員会の各少女は,彼女自身の名前とともに,知り合いの少年少女全員の名前を書き出し,リストを作る.彼女は少女より多くの少年と知り合いなので,彼女のリストにある少年の名前の数は少女の名前の数以上である.また,どの少年の名前も 2 人の少女のリストには含まれていない.なぜならリストに記入した少女たちは互いに知り合いではないからである.したがって,少年の総数はすべてのリストに現れる少年の名前の数の合計以上である.一方,少女の総数はすべてのリストに現れる少女の数の合計以下である.よって,そのクラブの少年の人数は少女の人数以上である.

XIII 1991

1. 工作の授業において 40 名の子供はそれぞれ,釘とナットとボルトを何個かずつ持っている.持っている釘とナットの個数が異なる子供が 15 人いて,持っているナットとボルトの個数が等しい子供が 10 人いる.持っている釘とボルトの個数が異なる子供が 15 人以上いることを示せ.

   解答：持っている釘とナットの個数が異なる 15 人の子供を除いて,残り $40 - 15 = 25$ 人は持っている釘とナットの個数が等しい.彼らのうち,持っているナットとボルトの個数が等しい子供は 10 人以下である.よって,持っている釘とボルトの個数が異なる子供が $25 - 10 = 15$ 人以上いる.

2. あるクラブには変わったルールがあり,子供たちには,ある 2 個のビー玉を別の 3 個のビー玉に交換することと,ある 3 個のビー玉を別の 2 個のビー玉に交換することが許されている.100 個の赤のビー玉から始めて,ちょうど 1991 個のビー玉を交換に出して,100 個の緑のビー玉で終わることができるか？

   解答：100 個のビー玉で終わったとする.ビー玉の総数は変わらないので,2 個から 3 個に交換した回数と 3 個から 2 個に交換した回数は同じでなければならない.そのような交換の各ペアにおいて 5 個のビー玉を交換に出す.1991 は 5 の倍数でないので,そのような状況は起こりえない.

3. 4 人の少女 A,B,C,D が円形トラック上のある地点から同時にスタートして,一定の速さで走っている（全員が同じ速さとは限らない）.A と B は時計回り,C と D は反時計回りで走る.A が C と初めて出会ったとき,B と D も初めて出会った.A が B に初めて追いついたとき,D が C に初めて追いつくことを示せ.

   解答：A と C が,そして B と D が初めて出会ったとき,各ペアは円形トラックをちょうど 1 周回った.よって,A と C の速さの合計と B と D の速さの合計は等しい.したがって,A と B の速さの差は C と D の速さの差と等しい.つまり,A が B に初めて追いついたとき,D が C に初めて追いつく.

4. ミュンヒハウゼン男爵は毎日,鴨を狩りに出掛ける.ある日,彼は「今日は,2 日前より多く,1 週間前より少ない鴨を持って帰る」と明言する.男爵は嘘をつくことなく,何日間連続でこれを言うことができるか？

   解答：まず最初に,下の表は,男爵が 8 日目から 13 日目まで正しく宣言することができることを示

している.

日にち	1	2	3	4	5	6	7	8	9	10	11	12	13
鴨	9	9	9	9	9	5	1	6	2	7	3	8	4

次に，男爵の宣言が 7 日間のうち少なくとも 1 回は嘘となることを示す．男爵が 3 日目から 9 日目まで正しく宣言したとする．「i 日目に家に持ち帰った鴨の数」が「j 日目に家に持ち帰った鴨の数」より多いことを $i \rightarrow j$ という記法で表すと，

$$1 \rightarrow 8 \rightarrow 6 \rightarrow 4 \rightarrow 2 \rightarrow 9 \rightarrow 7 \rightarrow 5 \rightarrow 3 \rightarrow 1$$

となる．得られる不等式たちが循環するので，これは矛盾である．

5. アンナとボリスは，長さが 1 m の赤の棒，白の棒，青の棒でゲームをする．アンナは最初に，赤の棒を 3 つのピースに分ける．そして，ボリスは白の棒を 3 つのピースに分ける．最後に，アンナは青の棒を 3 つのピースに分ける．9 つのピースを使って，3 辺の色がすべて異なる三角形を 3 つ作れたとき，アンナが勝ちとなる．ボリスはアンナが勝つことを止められるか？

   解答：アンナがどちらの棒も $\frac{1}{2}$ m と $\frac{1}{4}$ m と $\frac{1}{4}$ m に分けると，ボリスはアンナが勝つのを止めることはできない．ボリスは棒をどのように分けても，最も長いピースは 1 m より短く，残り 2 つのピースはそれぞれ $\frac{1}{2}$ m より短くなる．ボリスの最も長いピースは長さ $\frac{1}{2}$ m の 2 つのピースと組み合わせられ，ボリスの他の 2 つのピースはそれぞれ異なる色の長さ $\frac{1}{4}$ m の 2 つのピースと組み合わせられる．いずれの場合も，底辺の長さが等辺の長さの合計より短い二等辺三角形が得られる．

6. 引き分けのない総当たり戦において，9 チームのうちどの 2 チームもちょうど 1 回試合を行う．次の条件を満たす 2 チームが必ず存在するだろうか？：条件「他の各チームはその 2 チームの少なくとも一方に負けている．」

   解答：そのような 2 チームが存在しない場合がある．9 チームを 3 チームずつ 3 つのグループに分ける．各グループ内で，チーム 1 はチーム 2 に勝ち，チーム 2 はチーム 3 に勝ち，チーム 3 はチーム 1 に勝つ．グループ間で，グループ 1 の各チームはグループ 2 の各チームに勝ち，グループ 2 の各チームはグループ 3 の各チームに勝ち，グループ 3 の各チームはグループ 1 の各チームに勝つ．所望の性質を持つ 2 つのチームが存在したとする．それらが同じグループに入ると，どちらも他のあるグループのチーム全てに負けてしまうので，それらは同じグループにいることはできない．対称性より，それらはグループ 1 とグループ 2 にいるとしてよい．このとき，それらのうちグループ 1 にいるチームは同じグループ内の他のチームに負けていて，そのチームはグループ 2 にいるチームにも勝っている．

XIV　1992

1. 総当たり戦において，各参加者は自身以外の参加者全員とちょうど 1 回ずつ対戦する．参加者は勝つと 1 点を，引き分けると 0 点を，負けると −1 点を得る．総当たり戦が終わったとき，参加者の 1 人は 7 点で，別の 1 人は 20 点であった．少なくとも 1 回は引き分けの試合があったことを示せ．

   解答：20 点を取った参加者は負けの数より勝ちの数が 20 多く，7 点を取った参加者は負けの数より勝ちの数が 7 多い．引き分けの試合がなかったとすると，前者は偶数回ゲームをして，後者は奇数回ゲームをしたことになる．どの参加者も同じ回数の対戦を行うので，矛盾が生じる．

2. 七角形の城において，7 つの各側面はまっすぐな壁であり，7 つの各角には監視塔がある．その監視塔に何人かの監視員が常駐している．各監視員は監視塔で交わる 2 つの壁の両方を監視する．各壁を 7

人以上の監視員によって監視するためには少なくとも何人の監視員が必要か？

解答：「監視員と壁のペア」を，監視員と彼が監視している壁からなるものとする．7つの各壁は，7つ以上の「監視員と壁のペア」に現れ，各監視員は，ちょうど2つの「監視員と壁のペア」に現れる．よって，$\lceil \frac{7 \times 7}{2} \rceil = 25$ 人の監視員が必要である．そして，25人の監視員で十分である．7つの監視塔における監視員の人数を時計回りに 4，3，4，3，4，3，4 とすればよい．

3. アダムとベティは同い年である．アダムは今年の自分の歳に去年の自分の歳を掛けた．ベティは来年の自分の歳を2乗した．これら2つの答えの各桁の和は異なることを示せ．

解答：3の倍数の各桁の和は3で割り切れ，3の倍数でない数の各桁の和は3で割り切れない．「2つの答えの一方は3の倍数で，もう一方は3の倍数でない」という主張を示すことで，所望の結論を得る．この主張は年齢を3で割ったときの余りを考えることによって示される[5]．

場合	去年	今年	来年	アダムの答え	ベティの答え
I	2	0	1	0	1
II	0	1	2	0	1
III	1	2	0	2	0

4. フョードルはコインを集めている．彼のコレクションのどのコインも直径 10 cm 以下である．彼はすべてのコインを 30 cm × 70 cm の長方形の箱の中に重ならないように並べて配置して保管している．40 cm × 60 cm の別の長方形の箱の中に彼のコインをすべて収納できることを示せ．

解答：図20の左で示したように，30 × 70 の箱を 10 の幅の重なりを持つ2つの 30 × 40 の領域に分割する．図20の右で示したように，60 × 40 の箱を2つの 30 × 40 の領域に分割する．どのコインも直径 10 以下なので，各コインは元の箱の2つの領域のどちらか1つの中に収まっていて，その領域に割り当てることができる．すべてのコインを，元の箱の各領域から新しい箱の各領域に全く同じ配置で移動すれば収納できる．

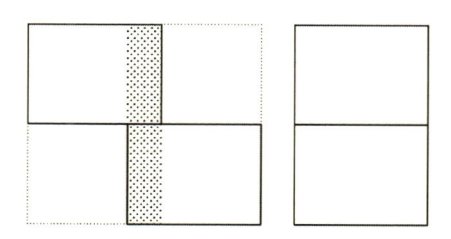

図 20

5. 円周を 27 点によって 27 本の同じ長さの弧に分割する．27 点は白か黒である．どの2つの黒点も隣り合わず，どの2つの黒点の間にも2つ以上の白点が存在する．白点のうちの3つが正三角形の頂点となることを示せ．

解答：円周には，正三角形の3頂点を構成する集合が9つ存在する．もし各集合の1つ以上の点が黒

---

5 訳者注：文字式で示すこともできる．アダムとベティの年齢を n とすると，アダムの答えは $n(n-1)$，ベティの答えは $(n+1)^2$ となる．$(n+1)^2 - n(n-1) = 3n + 1$ であるので，$(n+1)^2 \not\equiv n(n-1) \pmod{3}$ となる．

ならば，黒点は9つ以上あり，白点は18個以下である．2つの黒点の間には2つ以上の白点が存在するので，黒点はちょうど9つあり，それらの2点の間にちょうど2点の白点がある．このとき，9つの集合のうち3つは黒点だけからなる．よって，他の6つの集合はどれも3つの白点からなり，それらは正三角形の頂点となる．

6. 3人の貨幣偽造者は整数単位の任意の額の紙幣を作れる．各人はそれぞれ合計100ドルの紙幣を作り，残りの2人のどちらにも25ドルまでの任意の金額を払うことができる（ただしおつりをもらうかもしれない）[6]．3人が協力すると，第三者に対して100ドルから200ドルまでの任意の金額をちょうど払えることを示せ．

解答：最初に次の補題を示す．

補題．少なくとも1人の貨幣偽造者は，持っている紙幣を何枚か合わせると25ドルと50ドルの間の金額になる．

証明．貨幣偽造者 A が別の貨幣偽造者 B に25ドルを払ったとする（ただしおつりをもらうかもしれない）．もし A が25ドルと50ドルの間の金額を渡したのであれば，もはや証明することはない．もし50ドルと75ドルの間の金額を渡したのであれば，A が渡さなかった金額は25ドルと50ドルの間となる．最後に，もし A が渡した金額が75ドルと100ドルの間だとすると，B は50ドルと75ドルの間の金額のおつりを渡す．このとき B が渡さなかった金額は25ドルと50ドルの間となる．□

第三者に払う金額に関して3つの場合を考えることで，本問題に取り組む．

場合1．払う金額が100ドルと125ドルの間である．

払う金額から100ドルを引くと，その差は0ドルと25ドルの間となる．貨幣偽造者 A が貨幣偽造者 B にその差と同額を払う（ただしおつりをもらうかもしれない）．すると，B が第三者に要求額ちょうどを払うことができる．

場合2．払う金額が125ドルと150ドルの間である．

貨幣偽造者 C が補題で述べられた金額 x を持っているとしてよい．払う金額から100ドルを引く．この差 y が x 以上のとき，y から x を引いた差を z とする．z は0ドルと25ドルの間となり，その額を貨幣偽造者 A が貨幣偽造者 B に払う（ただしおつりをもらうかもしれない）．すると，B は第三者に $100 + z$ ドルを払うことができ，C が残金を払うことができる．y が補題の金額 x 未満のとき，x から y を引いた差を w とする．w は0ドルと25ドルの間となり，その額を B が A に払う（ただしおつりをもらうかもしれない）．すると，B は第三者に $100 - w$ ドルを払うことができ，C が残金を払うことができる．

場合3．払う金額が150ドルと200ドルの間である．

300ドルから払う金額を引くと，その差は100ドルから150ドルまでの金額となる．場合1または場合2より，この差を第三者に払うことができる．この支払いに用いる紙幣を除いて，残った全ての紙幣を合わせると要求額と等しくなる．

---

[6] 訳者注：例えば，33ドルを渡して8ドルのおつりをもらうことで，25ドルを払ったとみなす．

第4章　振り返る

A　差に関する問題

4つの問題すべては減法の演算つまり差の計算に基づいている．実用的な場面としては，長さの測定がある．直線分に対して目盛り付き定規を置いたとき，左端が3 cmの目盛りに対応して右端が7 cmの目盛りに対応するならば，その線分の長さは$7-3=4$ cmである．ここで，関連する問題を考える．

提唱者である**ソロモン・ゴロム**は，間違いなく偉大な，アメリカ生まれの科学者である．シフトレジスタ数列に関する彼の画期的な研究は，アナログコンピュータからデジタルコンピュータへの変換に対して中心的な役割を果たしている．彼の研究は数学，計算機科学，電気工学すべてにわたる．

この知の巨人にはソフトな一面もある．ゴロムはポリオミノ信者のリーダーであり（セットC参照），彼の本 "Polyominoes"[1] は必読本である．彼は，"Scientific American" の**マーチン・ガードナー**の有名なコラム "Mathematical Games" への定期的な投稿者であった．

これらのコラムの1つにおいてゴロムは，一般的な定規は目盛りがいくつかなくても測ることができるという点で，効率が良くないと指摘している．例えば，長さ3 cmの定規において，2 cmの目盛りは余分である．必要な目盛りは0 cm，1 cm，3 cmだけである．なぜなら，$3-1$から2を得ることができるからである．長さ6 cmの定規において，2 cm，3 cm，5 cmの目盛りは消してしまってよい．なぜなら$1=1-0$，$2=6-4$，$3=4-1$，$4=4-0$，$5=6-1$，$6=6-0$となるからである．

ここで，長さ10 cmの定規を考えよう．0 cmと10 cmの目盛りに加えてちょうど3つの目盛りを残すことができるだろうか？　5つの目盛りがあれば，10個の距離を測ることができる．これらが1 cmから10 cmまでになれば理想的である．しかし，どんな3つの追加の目盛りを選んでも，10個の距離のうち少なくとも2個は同じものとなり，長さ10 cmの理想的な定規は存在しない．

1つの問題が終わると，別の問題が生まれることがよくある．2つの端点に加えて目盛りが3つ追加された定規があったとする．10個の測定可能な距離がすべて異なるような定規の最小の長さはいくつか？　それは11 cmの長さであればよいことがわかる．読者には，すべての測定可能な距離が異なるように，目盛りが4つ追加された定規の最小の長

---

[1] 訳者注：日本語訳は『箱詰めパズル ポリオミノの宇宙』（ソロモン・ゴロム著，川辺治之訳，日本評論社）

さを調べることを勧める[2].

B パリティ （偶奇性）

整数を 2 で割ったときの余りは 0 か 1 である．前者の場合，その整数を**偶数**といい，後者の場合，その整数を**奇数**という．整数の**パリティ**とはそれが偶数もしくは奇数である状態のことをいう．明らかに，整数が偶数かつ奇数となることはない．驚くべきことに，この至極当然の命題がかなり強力となる．これは，このセットの 3 つの問題すべての解法の根底となるアイディアである．

より一般的に，物事を 2 つのタイプに分類することはどれも，パリティの状況であると考えることができる．日常生活において，善と悪，安いと高いなど，2 つの部類が互いに対照的となることが多く見受けられる．これは時々，この世界の**陰**と**陽**としてまとめられることもある．

次の問題は一見，パリティとは関係があるようには見えない．

> 運動場に 3 個のサッカーボールがある．ある少女がその 1 個を蹴って他の 2 個を結ぶ線分の間を通す．彼女がこれを 25 回行う．ただし蹴るボールの順番は特に指定されていない．3 個すべてのボールを，それらが元々あった地点に戻して終わることは可能か？

25 が奇数であるから不可能だと思うかもしれない．しかし，なぜそうなのかを詳しく説明する必要がある．ボールに A, B, C というラベルを付けると，それらは三角形を形成する．A から始めて時計回りに三角形の頂点を辿ると，ABC か ACB となる．これらはその三角形の 2 つの向き付けである．1 回のキックにおいて，どのボールを蹴ったとしても，それが残り 2 個を結ぶ線分を横切る限り，三角形の向き付けが変わる．最初の向き付けを ABC とする．25 回蹴ったあと，その向き付けは ACB に変化する．よって，3 つすべてのボールを出発地点に戻すことはできない．

パリティの計算は非常に簡単である．2 つの奇数の和は偶数であり，2 つの偶数の和も偶数である．一方，奇数と偶数の和は奇数である．2 つの奇数の積は奇数であり，偶数と任意の整数の積は偶数である．

パリティは**合同算術**の最も簡単な場合である．2 で割っているので，この算術の**法**は 2 であり，これは **2 を法とする**算術といわれる．この算術には 2 つの数（0 と 1）のみ現れる．実際次のように，0 と 1 はそれぞれ，数のクラス全体を表している．

- 数 0 は偶数 $\{\cdots, -4, -2, 0, 2, 4, \cdots\}$ を表す．
- 数 1 は奇数 $\{\cdots, -3, -1, 1, 3, \cdots\}$ を表す．

---

[2] 訳者注：2023 年現在知られている目盛り数の最大は 29 であり（つまり目盛りを 27 個追加した），その最小の長さは 585 である．

代表元 0 と 1 は 2 で割ったときの余りであるので，合同算術は**剰余演算**としても知られている．

先に示した 2 つの奇数の和は偶数であるという簡単な命題は $1+1=0$ として簡単に表すことができる．同様にして，$0+0=0$，$1+0=1$，$1\times1=1$，$0\times0=0$，$0\times1=0$ となる．

3 を法とする算術に現れる数は 0，1，2 である．

- 数 0 は 3 の倍数を表す．
- 数 1 は 3 で割って 1 余る数を表す．
- 数 2 は 3 で割って 2 余る数を表す．

この算術は次の演算表で要約することができる．

+	0	1	2
0	0	1	2
1	1	2	0
2	2	0	1

×	0	1	2
0	0	0	0
1	0	1	2
2	0	2	1

4 を法とする算術に現れる数は 0，1，2，3 である．演算表は以下の通りである．

+	0	1	2	3
0	0	1	2	3
1	1	2	3	0
2	2	3	0	1
3	3	0	1	2

×	0	1	2	3
0	0	0	0	0
1	0	1	2	3
2	0	2	0	2
3	0	3	2	1

C 鳩の巣原理

鳩の巣原理はパリティの概念とともに，初等数学における最も重要なアイディアである．この結果は次の形で述べることができる．

> **鳩の巣原理**
>
> 巣の数より多くの鳩がいて，すべての鳩が巣に入るとすると，2 羽以上入っている巣が 1 つ以上ある．

証明は単純である．この命題が正しくないとすると，各巣には 1 羽以下しかいない．このとき，鳩の数は巣の数以下であり，これは仮定に矛盾する．この結果の汎用性は，ほぼすべてのものが鳩と巣によって表せることにある．

分数を小数で表すとき，その表現は $\frac{1}{2}=0.5$ や $\frac{2}{25}=0.08$ のように終結するか，$\frac{1}{3}=0.33\cdots$ や $\frac{1}{7}=0.142857142857\cdots$ のように繰り返すかのどちらかである．例として $\frac{1}{7}$ を考える．分子を分母で割り，その割り算を小数点以下に対しても行う．各ステップで，その余りは 0,1,2,3,4,5,6 のうちの 1 つである．もし余りとして 0 が現れたら，小数展開は終結する．もしそうでなければ，7 つのステップの結果，7 つの余り（7 羽の鳩）は

1,2,3,4,5,6（6つの巣）のうちのどれかになる．このとき，余りのうち2つは同じ数となり，小数展開は繰り返す．

問題1において，各サイズの不揃いの靴はすべて左の靴か，もしくはすべて右の靴である．3羽の鳩がそれぞれサイズ8，9，10の靴を表すとしよう．もしそのサイズの不揃いの靴が左の靴ならばその鳩を最初の巣に入れる．もし右の靴ならば，2番目の巣に入れる．鳩の巣原理より，2羽の鳩が入った巣がある．問題1の解答で示したように，対称性からサイズ8と9の不揃いの靴が左の靴であるとしてよい．

問題2において，1行目の各マスに駒を置いたあと，19個の駒と6×6のチェス盤が残っている．その19個の駒が鳩であり，そのチェス盤を分割した9つの2×2の部分盤が巣である．ここで，さらに一般化した結果が必要となる．

> ── 一般化された鳩の巣原理 ──────────
>
> すべての鳩が巣に入るとすると，巣に対する平均鳩数以上の鳩が入っている巣が1つ以上ある．

この原理には，次のセットDでより適切な名前が与えられる．これは元々の原理を直ちに導くことに注意せよ．もし巣の数より多くの鳩がいるならば，巣に対する平均鳩数は1より大きい．鳩の羽数は整数なので，2羽以上の鳩が入った巣が1つ以上ある．

問題2に戻ると，巣に対する平均は $19 \div 9 > 2$ である．したがって，ある部分盤は3つ以上の駒を含んでいる．25が最小であることに注意せよ．24個の駒しかないと，1行目と3行目と5行目と7行目を駒で埋めることで，どの2×2の部分盤も3つの駒を含んでいないようにできる．

問題3では，チェス盤からある形を除外しようとしている．チェス盤を無限に広いものとする．単位正方形を辺と辺で合わせて作られた形は，**ソロモン・ゴロム**によって**ポリオミノ**と名付けられた．モノミノとドミノに加え，トロミノは2個，テトロミノは5個，ペントミノは12個存在する．それらを図1に示している．トロミノ，テトロミノ，ペントミノのアルファベットはそれらの形状によって割り当てられている．

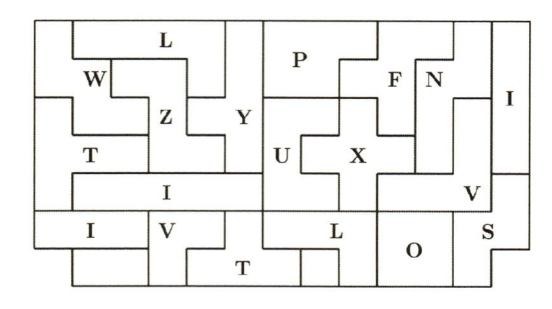

図1

無限に広いチェス盤からどれくらいの割合の正方形を取り除けば，残った部分に，ある特定のポリオミノが現れないようにできるかを決定したい．モノミノに対して，この割合は明らかに 1 である．ドミノと V-トロミノに対して，この割合は $\frac{1}{2}$ である．I-トロミノに対して，この割合は $\frac{1}{3}$ である．テトロミノの面積は 4 なので，テトロミノに対する最小の割合は $\frac{1}{4}$ 以上である．図 2 の左の配置は，I-テトロミノに対する割合がちょうど $\frac{1}{4}$ であることを示している．一方，図 2 の右の配置は，O-テトロミノと S-テトロミノに対する割合もちょうど $\frac{1}{4}$ であることを示している．

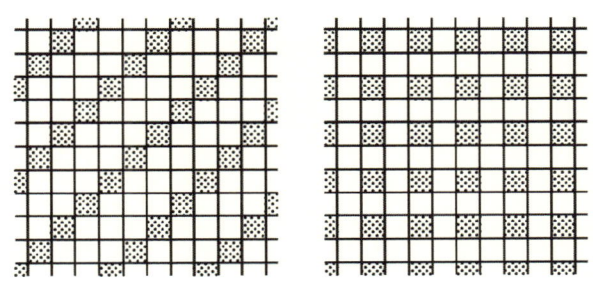

図 2

L-テトロミノと T-テトロミノはどちらも I-トロミノを含んでいるので，その最小の割合は $\frac{1}{3}$ 以下である．

L-テトロミノに対してこれが最良であることを示すために，2×3 の長方形を考えよう．この長方形から L-テトロミノを除外するためには 6 マスのうち 2 マスを取り除かなければならない．

T-テトロミノに対して $\frac{1}{3}$ が最小の割合であることを示すのは少し難しい．幅 3 の無限に延びる帯を考える．各列で 1 マス以上取り除かれるならば，もはや示すことはない．よって，取り除かれない列が少なくとも 1 つはあるとしてよい．このとき，その隣接する列どちらも真ん中のマスは取り除かなければならない．しかし，これら 3 つの列に T-テトロミノを置く方法がまだ 2 通り残っている．よって，さらに 2 つのマスを取り除かなければならない．

もしそれらが同じ列であったならば，図 3 の左のパターンになり，そうでなければ，図 3 の右のパターンになる．両方のパターンを混ぜることもできる．いずれの場合も，最小の割合は $\frac{1}{3}$ となる．

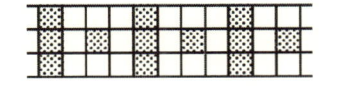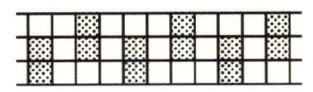

図 3

下の表は各ペントミノに対する最小の割合を示している.

ペントミノ	F	I	L	N	P	T	U	V	W	X	Y	Z
最小割合	$\frac{1}{4}$	$\frac{1}{5}$	$\frac{1}{4}$	$\frac{1}{4}$	$\frac{1}{4}$	$\frac{1}{4}$	$\frac{1}{4}$	$\frac{4}{13}$	$\frac{1}{4}$	$\frac{1}{5}$	$\frac{1}{4}$	$\frac{1}{3}$

D 最大値最小値の原理と平均値の原理

このセットの問題も鳩の巣原理をもとにしている. ここでは, より論理的な方向から考える. 基本的な結果から始める.

┌─ 最大値最小値の原理 ──────────────────────

空でない有限個の実数の集合において, 最大値と最小値が存在する.

与えられた集合が空でないので, 実数を任意に1つ選べる. 集合にその数しかなければ, それは最大値かつ最小値である. 他の数があるならば, それらを比べることができる. 大きい方が現時点での最大値となり, 小さい方が現時点での最小値となる. そして, 集合から選んだ次の数を現在の最大値および最小値と比べる. それらのうち1つが新たな数によって置き換わるかもしれない. 集合が有限であれば, このプロセスはいつか終わる. こうして, 最後に最大値および最小値として残った数が最大値と最小値となる.

最大値も最小値も一意に定まらないかもしれない. 例えば, その集合の各数が等しいこともある. このとき, 各数が最大値であり最小値である.

この原理の応用を与えよう.

┌───────────────────────────────────────

あるパーティーにおいて, 各少年は少なくとも1人の少女とダンスしたが, どの少女もすべての男子とはダンスしていない. ある2人の少年 B_1 と B_2 および2人の少女 G_1 と G_2 に対して, B_1 が G_1 とダンスして, G_2 とダンスしておらず, B_2 が G_2 とダンスして, G_1 とダンスしていないことを示せ.

B_1 を適当に選んだとする. B_1 は少なくとも1人の少女とダンスしているので, G_1 を選ぶことができる. G_1 はすべての少年とダンスしていないので, B_2 を選ぶことができる. B_2 は少なくとも1人の少女とダンスしているので, 彼女が B_1 とダンスしていなければ, G_2 を選ぶことができる.

各少年に対して, ダンスした少女の人数を数えよう. これは有限で空でない実数(実際は正の整数)の集合である. 最大値最小値の原理より, 最小値が存在する. そこで, ダンスした少女の人数が最少である少年を B_1 とする.

B_2 とダンスした少女の中で, B_1 とダンスしていない少女を探す. もしそのような少女がいないとする. このとき B_1 は, B_2 とダンスしていない G_1 に加えて B_2 とダンスした少女すべてとダンスしている. B_1 は B_2 より多くの少女とダンスしたことになり, B_1 とダンスした少女の人数が最少であるという仮定に矛盾する.

平均値の原理

空でない有限個の実数の集合において，平均値以下のものと平均値以上のものが存在する．

これは最大値最小値の原理から簡単に得られる．最大値は平均値以下ではなく，最小値は平均値以上ではない．鋭い読者は気づいているかもしれないが，この結果の半分は「一般化された鳩の巣原理」と呼ばれていたものである．鳩の巣原理がこの結果の特別の場合であることをすでに見た．残り半分は「巣より鳩が少ないとき，空の巣が 1 つ以上存在する」と主張している．

平均値の原理の応用を与える．

---

7 つのエレベーターを持つビルを考える．各エレベーターは 3 つの階で止まる．これらの止まる 3 つの階は連続しなくても，1 階を含まなくてもよい．どの階からどの階へ行くときも，それら 2 つの階に止まるエレベーターが 1 つ以上あり，乗り換えをする必要がない．そのようなビルは最大で何階建てであろうか？

---

3 つの階に止まるエレベーターが 7 つあるので，21 個のエレベーターのドアがある．これらを鳩として，各階を巣とする．エレベーターのドアを表す鳩を，エレベーターのドアがある階を表す巣に入れる．ビルが 8 階以上あるとする．各階のエレベーター数の平均は 3 より小さくなる．平均値の原理によって，止まるエレベーターが 2 つ以下の階がある．各エレベーターはその階とちょうど 2 つの他の階に止まるので，エレベーターを乗り換えることなく，その他すべての階に行くことは不可能である．

したがって，そのビルは 7 階建て以下である．ここで，各階にちょうど 3 つのエレベーターが止まる 7 階建てのビルの構想を立ててみる．

4 点 $(x, y) = (0,0), (0,1), (1,0), (1,1)$ を持つ有限幾何に注目する．セット B で紹介した 2 を法とした算術を使う．平行であるか共有点を持たないような 2 本の線分の組が 3 つある．

傾き	線分	点
0	$y = 0$	$(0,0), (1,0)$
	$y = 1$	$(0,1), (1,1)$
1	$y = x$	$(0,0), (1,1)$
	$y = x + 1$	$(0,1), (1,0)$
∞	$x = 0$	$(0,0), (0,1)$
	$x = 1$	$(1,0), (1,1)$

ユークリッド幾何において，平行線は交わらない．このことは，なぜ古い絵画に遠近感が欠けているかを明らかにしている．平行線が無限遠点で交わる**射影幾何**の登場によってこれは正された．各直線に対して**無限遠点**を追加する．ただし，2 直線が平行なときに限りそれらが同じ無限遠点を持つようにする．最後に，すべての無限遠点を結ぶ**無限遠直線**

を追加する．上記の4点配置にこの手続きを適用すれば，図4で示した**ファノ平面**と呼ばれる構造が得られる．

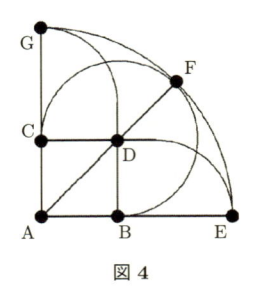

図4

7つの点と7本の線がある．無限遠直線は 1/4 円によって表されていて，直線 $y = x+1$ は小さい 3/4 円によって表されている．直線 $y = 1$ と $x = 1$ の一部分は曲がっている．ここで，どの2直線も唯一つの点を定め，どの2点も唯一つの直線を定める．この対称性は射影幾何において重要な特徴である[3]．

ビルの話題に戻ると，7つのエレベーターが点 A, B, C, D, E, F, G である．7つの階が7本の直線 ABE, CDE, ACG, BDG, ADF, BFC, EFG である．エレベーターを表す点が階を表す直線上にあるとき，エレベーターはその階に止まる．

問題2と3はどちらも色に関連した問題である．ここで有名な例を挙げる．

> 6人の少女がいるサッカークラブにおいて，どの2人もグリーティングカードを交換する．各ペアは赤のカードか黄のカードのどちらかを交換する．彼女らの中に，同じ色のカードを交換する3人組がいることを示せ．

任意の選手を選ぶ．彼女は他の5人とカードを交換する．各色に対して受け取った人の平均人数は 2.5 である．よって彼女は，3人以上の人と同じ色のカードを交換しなければならない．その色を赤とする．もしその3人のうちの2人が赤のカードを交換したら，赤の3人組を得る．そうでなければ，その3人が黄のカードを交換した3人組である．もしそのクラブに5人しかいなければ，結論は成り立たない．円形テーブルに彼女らを座らせる．彼女らが赤のカードを隣の人と交換して，黄のカードをテーブルを挟んだ人と交換すると，赤の3人組も黄の3人組もいない．

もし代わりに18人の少女がいれば，赤の4人組か黄の4人組が存在する．しかし，17人ではそのような4人組が存在しない．ごく一般的な言い方は，社会科学に由来する．

---

[3] 訳者注：射影幾何は組合せ論のブロック・デザインに関係がある．詳しくは『離散数学への招待（下）』（J. マトウシェク・J. ネシェトリル著，根上生也・中本敦浩訳，丸善出版）第 11 章や『ヴァン・リント＆ウィルソン　組合せ論（上）』（J.H. ヴァン・リント・R.M. ウィルソン著，神保雅一監訳，澤正憲・萩田真理子訳，丸善出版）第 19 章などを参照せよ．

十分あれば，何かが起こる[4]．

　冗談はさておき，これらは（鳩の巣原理の深遠な一般化である）**ラムゼイの定理**と呼ばれる重厚な結果の原型である．

　問題3において，無限に広いチェス盤のマスにできるだけ少ない数の色を塗って，指定されたポリオミノを格子に沿って置いたとき，それが同じ色の2つのマスを覆えないようにしようと試みた．モノミノに対しては，1色で十分である．ドミノに対しては，2色必要である．I-トロミノとV-トロミノに対する色数はそれぞれ3と4である．L-テトロミノ，O-テトロミノ，S-テトロミノに対しては，4色で十分である．

　図5の5つのマスを持つ領域を考える．どの2つのマスもT-テトロミノをうまく配置することで覆うことができる．よって5色必要である．

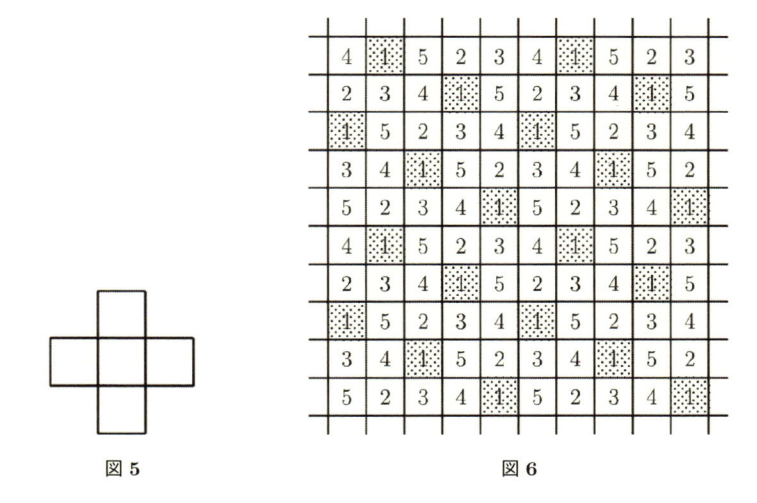

図5　　　　　　　　　　　図6

　図6の5色に塗られた無限格子は，T-テトロミノに対して5色で十分であることを示している．

　図7の12個のマスを持つ領域を考える．真ん中の4つのマスのどの2つもL-テトロミノをうまく配置することによって覆うことができる．よって，そこに4色（1, 2, 3, 4）が必要である．さらに，これらのマスの1つと周辺のマスの1つをどのように選んでも，L-テトロミノをうまく配置することによって覆うことができる．したがって，これら4つの色は8つの周辺のマスに対して再び使うことはできない．使ってよい色が7色ならば，追加した3色の1つ（それを5とする）は3つ以上の周辺のマスに使わなければならない．周辺の任意のマスに色5を塗る．対称性より，そのマスは図7に示したマスとしてよい．このとき，×マークを付けた4つのマスは色5で塗ることはできない．そし

---

[4] 訳者注：原文は「If you have enough of it, something will happen.」

て，3つの空きマスの2つは色5で塗らなければならないが，それらのどの2つを塗っても，L-テトロミノをうまく配置することによって覆うことができる．よって8色必要である．

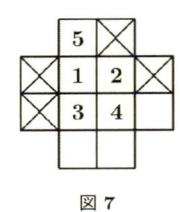

図 7

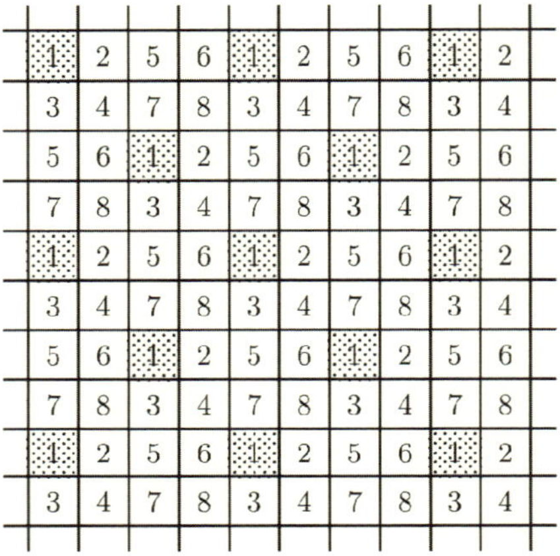

図 8

図8の8色の無限格子は，L-テトロミノに対して8色で十分であることを示している．下の表は各ペントミノに対する最小の色数を示している．

ペントミノ	F	I	L	N	P	T	U	V	W	X	Y	Z
最小数	8	5	8	8	8	8	8	9	6	5	8	9

E 不 等 式

まだ触れられていない，鳩の巣原理の特別な場合が存在する．もし鳩の数と巣の数が等しければ何が起こるだろうか．2羽の鳩は同じ巣にいるかもしれないが，そのときは空の巣も存在する．一方で，ちょうど1羽の鳩が各巣にいるかもしれない．このとき，鳩と巣の間には**一対一対応**があるという．

2人の少年がどちらも自分は相手よりも多くのビー玉を持っていると自慢した．彼らはどちらも数を数えることができないとする．この状況を解決する1つの方法は，彼らがビー玉を1つずつ同時に取り出すことである．これをどちらか一方の少年のビー玉がなくなるまで繰り返す．もしもう一方の少年も同時にビー玉がなくなれば，彼らは同じ個数のビー玉を持っていたことになる．そうでなければ，もう一方の少年が多く持っていたことになる．

多いまたは少ないという命題を**不等式**という．それは多くも少なくもないという命題である等式に相対するものである．最大値最小値の原理と平均値の原理はどちらも不等式であることに注意せよ．最大最小の問題は数学では非常に頻繁に現れる．いくつかはセット

C と D ですでに扱っている．問題 1 は別の例である．

　最大値を決定するには 3 つのステップを踏む．最初のステップで，その答えがある値であることを主張する．2 つ目のステップでは，その値と同じだけ大きくなることを示さなければならない．3 つ目のステップでは，その値より大きくならないことを示さなければならない．最後の 2 つのステップを合わせることで，最初のステップの主張の正当性が示される．最小値の決定も同様である．3 つ目のステップがよく見過ごされることに注意すべきである．

　不等式に関してさらにいくつかの問題を与えよう．

---

1. 2018 ドルをいくつかの財布に入れていて，それらの財布をいくつかのポケットに入れている．どのポケットのドル数も財布の総数より少ない．このとき，ある財布のドル数はポケットの個数よりも少ないか？

2. 青い目の人のうち金髪の人の割合はすべての人のうち金髪の人の割合よりも多い．金髪の人のうち青い目の人の割合とすべての人のうち青い目の人の割合はどちらが大きいか？

3. エースは 3 ドル 80 セント持っていて，ビアが x ドル（ただし x は整数の値）を持っていて，セックは 60 セント持っている．彼らのうちどの 2 人も残り 1 人より多くのお金を持っているならば，ビアはいくらのお金を持っているか？

解答は以下の通りである．

1. m をポケットの個数，n を財布の総数とする．x をポケットに入っている最大ドル数，y を財布に入っている最小のドル数とする．このとき，$ny \leq 2018 \leq mx$ である．もし $n > x$ ならば，$m > y$ でなければならない．

2. a, b, c, d をそれぞれ，青い目でも金髪でもない人，青い目であるが金髪でない人，青い目であり金髪である人，金髪であるが青い目でない人の数とする．このとき，青い目の人のうち金髪の人の割合は $\frac{c}{b+c}$ であり，すべての人のうち金髪の人の割合は $\frac{c+d}{a+b+c+d}$ である．与えられた条件から $\frac{c}{b+c} > \frac{c+d}{a+b+c+d}$ であり，よって $\frac{c}{c+d} > \frac{b+c}{a+b+c+d}$ が得られる．したがって，金髪の人のうち青い目の人の割合は，すべての人のうち青い目の人の割合より大きい．

3. ビアとセックが持っているお金を合わせるとエースの持っているお金より多いので，ビアは 3 ドル 20 セントより多くのお金を持っている．エースとセックが持っているお金を合わせるとビアの持っているお金より多いので，彼女は 4 ドル 40 セントより少ないお金を持っている．ビアは整数の値のドルを持っているので，彼女は 4 ドル持っている．

　最後の問題は，幾何学において**三角不等式**として知られている命題「三角形の 2 辺の長さの合計は残り 1 辺の長さより長い」と対応している．

F　多対一対応

　一対一対応の概念は，多対一対応や，より一般的な事象に一般化することができる．3つのすべての問題において，3 対 2 対応が関係している．それぞれの場合において，ある量が $3 + 2 = 5$ の倍数でなければならない．

　問題 3 はある変わった交換を題材にしている．ここで，より複雑な設定を与える．

> ポケモンカードがディルバート町でブームとなっている．カードは 3 種類（犬，猫，鼠）あり，それらのカードを交換してくれる販売業者は 3 人（ドッグバート，キャットバート，ラットバート）いる．ドッグバートは，1 枚の犬カードを 1 枚の猫カードと 1 枚の鼠カードに交換するか，もしくはその逆の交換をする．キャットバートは，1 枚の猫カードを 2 枚の犬カードと 1 枚の鼠カードに交換するか，もしくはその逆の交換をする．ラットバートは，1 枚の鼠カードを 3 枚の犬カードと 1 枚の猫カードに交換するか，もしくはその逆の交換をする．他の交換は行われない．1 枚の猫のカードから始めて，次の状態を目指す．
>
> 　(a) 何枚かの鼠カードだけを持っていて，犬と猫のカードを持っていない．
> 　(b) 何枚かの犬カードだけを持っていて，猫と鼠のカードを持っていない．
> 　(c) 2 枚以上の猫カードだけを持っていて，犬と鼠のカードを持っていない．

　各目標に対して，(i) 不可能であることを証明するか，または (ii) できるだけ少ない枚数の指定されたカードを得るための交換の方法を見つけよ．

　解答は以下のようになる．

　(a) 明らかに，各業者とは鼠カードを多く得る交換のみ行うべきである．ラットバートとは r 回交換して，ドッグバートとは d 回交換して，キャットバートとは c 回交換したとする．犬カードを数えると，$-3r - d + 2c = 0$ となる．猫カードを数えると，$1 - r + d - c = 0$ となる．これら 2 つの式を足すことで，$1 - 4r + c = 0$ つまり $c = 4r - 1$ を得る．これをどちらかの等式に代入することで $d = 5r - 2$ を得る．よって，最小の解は $(r, d, c) = (1, 3, 3)$ となり，$1 + 3 + 3 = 7$ 枚のみの鼠のカードを持つことになる．この交換作業が可能であることを以下に示している：

カードの枚数	スタート時点	交換後						
		C	D	D	C	C	D	R
鼠	0	1	2	3	4	5	6	7
犬	0	2	1	0	2	4	3	0
猫	1	0	1	2	1	0	1	0

　(b) 鼠と猫のカードの合計枚数を s とする．どんな交換においても，s の値は 0 または 2 変化する．最初は $s = 1$ なので，$s = 0$ を意味する「犬カードだけの状態」にはできない．

(c) この場合は (a) の場合に似ている．ただし最初にキャットバートとは猫カードを減らすように交換する．それ以降は猫のカードをより多く得るようにだけ交換すればよい．各交換回数を (a) と同じ文字でおく．鼠カードを数えると，$1 - r + d - c = 0$ となる．犬カードを数えると，$2 + 3r - d - 2c = 0$ となる．今回は $r = \frac{3(c-1)}{2}$ と $d = \frac{5(c-1)}{2}$ を得る．$c > 1$ でなければならない．そうでなければ1枚の猫カードで終わってしまう．よって，最小の解は $(r, d, c) = (3, 5, 3)$ であり，$3 + 5 + 3 = 11$ 枚のみの猫カードを持つことになる．キャットバートと最初に交換したあとは，この配分でどのように11回交換してもうまくいく．

G 算術的問題

このセットでは算術的問題が寄せ集められている．ここではさらに3つ紹介する．

---

1. 175個のホットドッグの値段は125個のハンバーガーの値段より高く，126個のハンバーガーの値段より低い．もしそれぞれの値段がセントで整数値を取るならば，1ドルで3つのホットドッグと1つのハンバーガーを買うことができるか？

2. アンドリューは40回試験を受けて，10個がA評価，10個がB評価，10個がC評価，10個がD評価であった．ある試験での評価が**予想外である**とは，その試験で得た評価がそれ以前に得た他の3つの評価よりも少ない回数現れていることを言う．これら40個の評価の順序を知らない状態で，予想外だった評価の個数を決定することは可能であるか？

3. カタツムリは点Oを出発して一定の速度で平面上を這い始めて，30分おきに60°の回転を行う．このカタツムリは整数時間後にのみ点Oに戻ってこれることを示せ．

解答は以下の通りである．

1. ホットドッグとハンバーガーの値段をそれぞれ h セントと b セントとする．ただし，h と b は整数とする．このとき，$125b < 175h < 126b$ である．よって，$7h > 5b$ かつ $25h < 18b$ となる．整数性より，$7h \geq 5b + 1$ かつ $25h \leq 18b - 1$ となる．1つ目の不等式を25倍，2つ目の不等式を7倍することで，$125b + 25 \leq 175h \leq 126b - 7$ を得る．したがって，$b \geq 32$ である．$7h \geq 5b + 1$ より，$7h \geq 161$ つまり $h \geq 23$ となる．よって，$3h + b \geq 69 + 32 = 101$ となる．つまり，1ドルでは足りない．

2. アンドリューが取った最初のA，最初のB，最初のC，最初のDを考える．これらの中で最後に取った評価は必ず予想外であり，また他の3つはどれも予想外ではない．同様の状況が，2番目のA，2番目のB，2番目のC，2番目のDでも起こり，それ以降も続く．したがって，予想外だった評価はちょうど10個となる．

3. 60°の回転が意味しているのは，かたつむりが六角格子上の1つの頂点から別の頂

点に30分で移動するということである．図9に示した通り，どの隣接する2頂点のペアにおいてもちょうど1点がマークされるように，頂点をマークすることができる．かたつむりは，マークされた頂点Oから出発して，30分の奇数倍の時間が経過したときには常にマークされていない頂点にいる．よって，かたつむりがOに戻ったとき，整数時間後でなければならない．

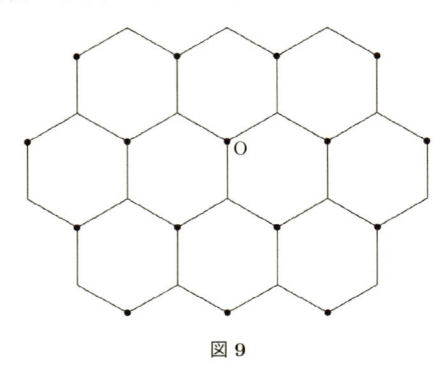

図9

H　整 除 問 題

問題1は素数と合成数の概念を扱っている．素数はちょうど2つの正の約数（具体的には1とそれ自身）を持つ正の整数として定義される．定義より1は素数ではないことに注意せよ．合成数は3つ以上の正の約数を持つ正の整数として定義される．したがって，1は素数でも合成数でもない．最初のいくつかの素数は $2, 3, 5, 7$ であり，最初のいくつかの合成数は $4, 6, 8, 9$ である．

興味のある読者は，ちょうど3つの正の約数を持つ合成数を見つけようとするかもしれない．それらは無限に多く存在し，その集合は素数を用いて記述することができる．

ここで，素数と合成数に関する3つの問題を紹介する．

---

1. 10個の数 0, 1, 2, 3, 4, 5, 6, 7, 8, 9 をうまく一列に並べることで，そこからどの6つの数を削除しても，残りの4桁の数が，並び替えることなく，合成数となるようにできるか？

2. $ab = cd$ を満たす正の整数 a, b, c, d に対して，$a+b+c+d$ が素数となることはあるか？

3. (a) 4つの異なる正の整数もしくは (b) 5つの異なる正の整数で，それらのうちどの3つの和も素数となるものは存在するか？

解答は以下の通りである．

1. 下6桁に5と偶数を任意の順番で入れる．もしそれらのどれかが残っているならば，4桁の数は5か2で割り切れるので，合成数である．もしこれらをすべて取り除い

た場合，最初の 4 桁に 1，3，7，9 をある順番で並べたものが合成数を形成しなければならない．例えば 1，3，9，7 の順序で並べた 1397 という数は 11 で割り切れるので，合成数になる．

2.

$$a + b + c + d = \frac{a^2 + cd + ac + ad}{a} = \frac{(a+c)(a+d)}{a}$$

となり，分子の各因子が分母よりも大きいので，これは明らかに合成数である．

3. (a) 1，3，7，9 という数は素数 11，13，17，19 を導く．

   (b) そのような 5 つの整数が存在したとする．3 を法としてそれらの数を考える[5]．もしこれら 5 つの数のうち 3 つが異なるクラスに属しているならば，それらの和は 3 の倍数となり，素数であるならば 3 である．しかし，異なる正の整数を選んだので，これは不可能である．もしこれら 5 つの数が 2 つ以下のクラスに属しているならば，鳩の巣原理よりいずれか 3 つの数が同じクラスに属している．再び，それらの和は 3 の倍数となり，矛盾が得られる．

問題 2，3，4 はすべて，和と積を含む整除性を扱っている．そのような問題をさらに 3 つ紹介する．

---

1. 和と積がどちらも 64 となる 64 個の整数は存在するか？
2. 異なる 6 個の正の整数で，その中のどの 2 つにおいてもそれらの積がそれらの和で割り切れるものを見つけよ．
3. 異なる 10 個の正の整数で，各数がそれらの総和を割り切るもの見つけよ．

解答は以下のようになる．

1. 32 を 1 つ，2 を 1 つ，1 を m 個，-1 を n 個用意する．64 個の整数を選ぶので，$m + n = 62$ となる．和が 64 なので，$m - n = 30$ となる．よって，$m = 46$，$n = 16$ となる．n が偶数なので，積は $2 \times 32 = 64$ となる．

2. 1，2，3，4，5，6 から始めると，15 個の和 $1 + 2$，$1 + 3$，$\cdots$，$5 + 6$ の最小公倍数は $2^3 \times 3^2 \times 5 \times 7 \times 11 = 27720$ である．この数を 1，2，3，4，5，6 倍して，27720，55440，83160，110880，138600，166320 を得る．

3. 「任意の正の整数 $n > 2$ に対して，各数がそれらの総和を割り切るような異なる n 個の正の整数が存在する」ことを示す．$n = 3$ に対して，1，2，3 を選ぶことができる．n 個の正の整数からなる所望の集合にその n 個の数の和を加えることで，$n + 1$ 個の正の整数からなる所望の集合を得ることができる．このことから，上記が示される．特に $n = 10$ のとき，1，2，3，6，12，24，48，96，192，384 を得る．

---

[5] 訳者注：つまり，余りの値に応じて，余り 1 のクラス，余り 2 のクラス，余り 0 の（つまり割り切れる）クラスの 3 つのクラスに分ける．

I 桁に関する問題

問題 1 と 2 はどちらも，2 桁以上の数に対してそれを構成する数（つまり各桁の数）を調整する問題である。ここで，別の例を挙げる。

---

2 つの 2009 桁の数は，それぞれの数から 9 個の数を削除することで同じ 2000 桁の数が得られる。それら 2 つの 2009 桁の数に 9 桁追加することで，同じ 2018 桁の数を得ることができることを示せ。

この問題は次のように解くことができる。得られた 2000 桁の数に対して，2 つの 2009 桁の数から削除した 9 個の数，計 18 個の数を挿入する。ただし，18 個の各数は，2000 桁の数の 2 つの数の間に，削除したときと同じ箇所に複数の数を挿入することは任意の順序で配置してよい。これによって，2018 桁の数が得られる。その数は，どちらの 2009 桁の数からも，もう一方の 2009 桁の数を挿入することで得られる。

問題 3 は，桁と年齢を組み合わせたものである。別の例を挙げる。

父親の年齢の 2 桁と年齢を逆にすると，息子の年齢が得られる。明日，父親は息子の 2 倍の年齢になる。今日，息子は何歳か？

---

x と y を父親の年齢の桁として，父親の年齢を $10x + y$ とする。息子の年齢は $10y + x$ であり，$y < x$ である。多くの人は次のように進めていくだろう。$10x + y = 2(10y + x)$ であり，$y < x$ である。多くの人は次のように進めていくだろう。$10x + y = 2(10y + x)$ から，$8x - 19y = 0$ を得る。これを満たす最小の正の整数 x は 19 であるが，x がある桁を表すことと矛盾する。よって，この問題の解は存在しない。

しかし，この結論に至る過程で，次の日が父親または息子または両方の誕生日かもしれないという可能性を見落としている。つまり，以下の 3 つの場合を考えなければならない。

場合 1. 次の日が父親と息子の両方の誕生日である。
このとき，$10x + y + 1 = 2(10y + x + 1)$ であり，整理すると $8x - 19y = 1$ となる。精査することで，これを満たす最小の正の整数 x は 12 であることがわかる。よって，この場合も起こりうえない。

場合 2. 次の日が父親だけの誕生日である。
このとき，$10x + y + 1 = 2(10y + x)$ であり，整理すると $8x - 19y = -1$ となる。精査することで，$x = 7$，$y = 3$ が得られる。したがって，父親は 73 歳であり，息子は 37 歳である。

場合 3. 次の日が息子だけの誕生日である。

このとき，$10x + y = 2(10y + x + 1)$ であり，整理すると $8x - 19y = 2$ となる．精査することで，$x = 5$，$y = 2$ が得られる．したがって，父親は 52 歳であり，息子は 25 歳である．

まとめると，息子の年齢は 25 歳か 37 歳である．

桁に関する問題は実に様々である．有名な例は最後の桁の数を先頭の桁に移動したとき 4 倍となる数を求めることである．

この問題は次のようにして解くことができる．移動した桁の数は 4 以上である．4 と仮定する．次の割り算を計算する．割られる数に商を追加するという作業を商の最後の桁が 4 となって割り切れるまで繰り返す．

$$\frac{1}{4\,)\overline{4}} \qquad \frac{10}{4\,)\overline{41}} \qquad \frac{102}{4\,)\overline{410}} \qquad \frac{1025}{4\,)\overline{4102}} \qquad \frac{10256}{4\,)\overline{41025}} \qquad \frac{102564}{4\,)\overline{410256}}$$

$102564 \times 4 = 410256$ を得る．もし最初の桁の数が 5，6，7，8，9 ならば，他の解を得る：$4 \times 128205 = 512820$，$4 \times 153846 = 615384$，$4 \times 179487 = 717948$，$4 \times 205128 = 820512$，$4 \times 230769 = 923076$．セット L でこれら 6 桁の数の 1 つに出会うことになる．

日本の天才，**芦ヶ原伸之**はまず間違いなく世界に類を見ない最も独創的で奇抜なパズル作家であった．桁に関する次の驚くべき問題は Nob（彼の愛称）によるものである．彼は 286794 と 5103 という数のペアを紹介した．それら 2 つの数に関して，0 から 9 までの 10 個の数すべてが使われているという事実以外に，特筆すべき点は何もない．次に彼は，各数の桁の数を入れ替えて，479682 と 3051 という別のペアを与えた．特筆すべき点は何であろうか？　その 2 つの数のペアの積を比較すると，その秘密は明らかになるだろう．

Nob はさらに先頭の桁の数を最後の桁に移動したとき 6 倍となる数を尋ねている．

J　整除性の判定法

3 つの問題はすべて，10 進法表記したときの桁をもとにした，数の整除性を扱っている．それらを分析することで，整除性の判定法，つまり実際の割り算を実行せずに，ある大きな正の整数がある小さい正の整数で割りきれるかどうかを判定する手続きが得られる．

どの正の整数も 1 で割り切れ，正の整数が 10 で割り切れるための必要十分条件はその数の最後の桁が 0 となることである．ここで，1 と 10 以外の 12 までの正の整数による整除性の判定法を調べる．

それらのうち，2 と 5 は 10 の約数である．よって，ある正の整数が 2 で割り切れるための必要十分条件は下 1 桁が 0, 2, 4, 6, 8 のいずれかとなることであり，5 で割り切れるための必要十分条件は下 1 桁が 0 または 5 となることである．

4 と 8 に対しての整除性の判定も同様に得られる：$4 = 2^2$ は $10^2 = 100$ の約数であり，

$8 = 2^3$ は $10^3 = 1000$ の約数である．例えば，194711276 が 4 または 8 で割り切れるかどうかを決定しよう．初めに，$194711276 = 1947112 \times 100 + 76$ と書く．第1項は 100 の倍数であるから 4 で割り切れる．76 は 4 の倍数であるので，194711076 も 4 の倍数となる．また，$194711276 = 194711 \times 1000 + 276$ である．276 は 8 で割り切れないので，194711276 も 8 で割り切れない．まとめると，ある数が 4 で割り切れるための必要十分条件は下 2 桁が作る数が 4 で割り切れることであり，8 で割り切れるための必要十分条件は下 3 桁が 8 で割り切れることである．

次に 9 と 3 を考えると，9 は 10 より 1 小さく，3 は 9 の約数である．$9 = 10 - 1$，$99 = 100 - 1$，$999 = 1000 - 1$，$9999 = 10000 - 1$，$\cdots$ はすべて 9 の倍数であることに注意せよ．数 19473 を取ってくる．この数は次のように書くことができる．

$$19473 = 1 \times 10000 + 9 \times 1000 + 4 \times 100 + 7 \times 10 + 3$$
$$= 1 \times (9999 + 1) + 9 \times (999 + 1) + 4 \times (99 + 1) + 7 \times (9 + 1) + 3$$
$$= 9 \times (1 \times 1111 + 9 \times 111 + 4 \times 11 + 7) + (1 + 9 + 4 + 7 + 3)$$

第1項は 9 で割り切れる．$1 + 9 + 4 + 7 + 3 = 24$ は 9 で割り切れないので，19473 も 9 で割り切れない．しかし，24 は 3 で割り切れるので，19473 は 3 で割り切れる．これは，第1項が 9 の倍数であるので，自動的に 3 の倍数となるからである．

まとめると，ある数が 9 で割り切れるための必要十分条件は各桁の和が 9 で割り切れることであり，3 で割り切れるための必要十分条件は各桁の和が 3 で割り切れることである．

9 でくくるという方法はある数の各桁の和が 9 で割り切れるかどうかを判定する近道である．ある桁が 9 のとき，それを削除することができる．ある 2 つの桁の和が 9 のとき，すなわち，1 と 8，2 と 7，3 と 6，4 と 5 であるとき，それらも削除することができる．

ここで，11 を考えよう．11 は底 10 より 1 大きい．$11 = 10 + 1$，$99 = 100 - 1$，$1001 = 1000 + 1$，$9999 = 10000 - 1$，$\cdots$ はすべて 11 の倍数である．再び，19473 という数を取ってくる．

$$19473 = 1 \times 10000 + 9 \times 1000 + 4 \times 100 + 7 \times 10 + 6$$
$$= 1 \times (9999 + 1) + 9 \times (1001 - 1) + 4 \times (99 + 1) + 7 \times (11 - 1) + 6$$
$$= 11 \times (1 \times 909 + 9 \times 91 + 4 \times 9 + 7) + (1 - 9 + 4 - 7 + 3)$$

第1項は 11 で割り切れる．$1 - 9 + 4 - 7 + 3 = -8$ は 11 で割り切れないので，19473 も 11 で割り切れない．まとめると，ある数が 11 で割り切れるための必要十分条件は各桁の交代和が 11 で割り切れることである．

数 3 は，2 と 4 のどちらとも，1 より大きい公約数を持たない．よって，ある数が $6 = 2 \times 3$ で割り切れるための必要十分条件はその数が 2 と 3 のどちらでも割り切れることである．同様にして，ある数が $12 = 3 \times 4$ で割り切れるための必要十分条件はその数が 3

と 4 のどちらでも割り切れることである．しかし，2 と 6 で割り切れる数は $2 \times 6 = 12$ で割り切れるとは限らない．反例として 6 がある．この方法がうまくいかない理由は，2 と 6 は（1 より大きい数である）2 を公約数として持つからである．

この時点で，12 までの数のうち，7 が残っている．7 に対する整除性の判定法と呼ばれるものがいくつかあるが，それらは実際にわり算を行うよりそれほど簡単になっていない．

K　平方数と平方根

実は，問題 1 に対する別解が存在する．

$$351364183^2 = 123456789095257489$$

平方根を見つけるための方法またはアルゴリズムは，筆算に似ていて，中世にレオナルド・ピサ（フィボナッチとして広く知られている）によって書かれた「算盤の書」に示されている．

20187049 という数を用いて説明する．この数を 20|18|70|49 のように，2 桁ずつの組に分割する．ただし，桁数が奇数である数の場合は，最初のブロックは 1 桁とする．

1. 最初のブロックは 20 である．$4 \times 4 < 20 < 5 \times 5$ なので，その"商"の 1 桁目は 4 である．最初の余りは 4 である．
2. 最初の余りの 100 倍を次のブロックに足すと，418 となる．これまでの商である 4 に 20 をかけると 80 となる．$84 \times 4 < 418 < 85 \times 5$ なので，商の 2 桁目は 4 である．2 番目の余りは 82 である．
3. 2 番目の余りの 100 倍をその次のブロックに足すと，8270 となる．これまでの商である 44 に 20 をかけると 880 となる．$889 \times 9 < 8270$ なので，商の 3 桁目は 9 である．3 番目の余りは 269 である．
4. 3 番目の余りの 100 倍をその次のブロックに足すと，26949 となる．これまでの商である 449 に 20 をかけると 8980 となる．$8893 \times 3 = 26949$ なので，商の 4 桁目は 3 であり，余りはない．

		4	4	9	3
		20	18	70	49
4		16			
80		4	18		
84		3	36		
		880	82	70	
		889	80	01	
		8980	2	69	49
		8983	2	69	49

このアルゴリズムがなぜうまくいくのかを理解する手助けとして，簡単な代数学を用いる．$10a + b$ を 2 桁の数とする．このとき，

$$(10a + b)^2 = 100a^2 + 20ab + b^2 = 100a^2 + b(20a + b)$$

a^2 の係数 100 が，その数を 2 桁ずつのブロックに分割する理由である．

2018 の平方根の整数部分を求めたいとする．桁 a は，$a^2 < 20 < (a+1)^2$ を満たすので，4 であることがわかる．2018 から 1600 を引くと，418 となる．今 $20a = 80$ であり，$b(80 + b) < 418 < (b+1)(81 + b)$ を満たす桁 b を求めたい．$b = 4$ であることが簡単にわかる．実際 $44^2 < 2018 < 45^2$ である．

$100a + 10b + c$ を 3 桁の数とする．

$$(100a + 10b + c)^2 = 10000a^2 + 2000ab + 100b^2 + 200ac + 20bc + c^2$$

である．

201870 の平方根の整数部分を見つけたいとする．$a^2 < 20 < (a+1)^2$ より，$a = 4$ となる．201870 から 160000 を引くと，

$$41870 = 100b(20a + b) + c(20(10a + b) + c)$$

となる．$b = 4$ は $b(80 + b) < 418 < (b+1)(81 + b)$ を満たす．41870 から 33600 を引くことで，$c(880 + c) < 8270 < (c+1)(881 + c)$ を得る．$c = 9$ であることが簡単にわかる．実際 $449^2 < 201870 < 450^2$ である．

4 桁以上の数に対して一般化するのは難しくない．これで，どのようにして $\sqrt{20187049} = 8893$ を得たのか明らかになったはずである．以下の計算は $\sqrt{123456789095257489} = 351364183$ を示している．

	3	5	1	3	6	4	1	8	3
	12	34	56	78	90	95	25	74	89
3	9								
60	3	34							
65	3	25							
700		9	56						
701		7	01						
7020		2	55	78					
7023		2	10	69					
70260			45	09	90				
70266			42	15	96				
702720			2	93	94	95			
702724			2	81	08	96			
7027280				12	85	99	25		
7027281				7	02	72	81		
70272820				5	83	26	44	74	
70272828				5	62	18	26	24	
702728360					21	08	18	50	89
702728363					21	08	18	50	89

問題 2 と 3 はどちらも，セット B で紹介した合同算術と，セット J で紹介した整除性

の判定を含んでいる.

　3 を法とすると,各整数は 0,1,2 のどれかと合同である.$0^2 = 0$,$1^2 = 1$,$2^2 = 4 \equiv 1 \pmod 3$ なので,平方数は 2 と合同とはならない.同様にして,平方数は 4 を法として 2 または 3 と合同となることはない.他の正の整数を法としたときに何が起こるか,その調査は読者に委ねる.

L　巡　回　数

　3 つの問題はすべて 6 桁の数を扱っている.最も興味深く有名な 6 桁の数は 142857 である.セット C において,それは 1/7 の循環小数展開の 1 つの循環節であることを見た.

　$14 + 28 + 57 = 99$ であり $142 + 857 = 999$ であることに気付く.さらに,次のよい性質を持つ.

$$1 \times 142857 = 142857$$
$$2 \times 142857 = 285714$$
$$3 \times 142857 = 428571$$
$$4 \times 142857 = 571428$$
$$5 \times 142857 = 714285$$
$$6 \times 142857 = 857142$$
$$7 \times 142857 = 999999$$

　142857 に,より大きい数を掛けると何が起こるだろうか？ 例えば,$142857^2 = 20408122449$ である.この値を右から長さ 6 の区間に分割してそれらを足し合わせると,$20408 + 122449 = 142857$ となる.その和が 6 桁より大きいとき,このプロセスを繰り返す.もしその乗数が 7 の倍数であれば,999999 が現れるだろう.

　マーチン・ガードナーが,この巡回数をもとにした次のマジックトリックを紹介した.1,4,2,8,5,7 の数が等間隔に書かれた紙の輪を準備する.1,4,2 が一方の面に,8,5,7 がもう一方の面になるようにその輪を平らにつぶす.封筒の中にその平らにした紙の輪を入れて,それに封をする.その数 142857 を観客に何らかの方法で渡して,その観客にサイコロを転がしてもらう.そして,142857 とサイコロの積を予言していたことを告げる.

　もしサイコロの目が 1 ならば,図 10 の封筒の A で切って,その紙の輪を開けて 142857 を見せる.もしサイコロの目が 3 か 5 ならば,封筒の図 10 の B で切る.はさみを紙の輪の上を通すことで 428571 が現れ,はさみを紙の輪の下を通すことで 714285 が現れる.もしサイコロの目が 2 か 4 ならば C で,6 ならば D で切る.

　別の興味深い 6 桁の数は 076923 である.先の例と同様,$07 + 69 + 23 = 99$ かつ $076 + 923 = 999$ が成り立つ.今回は次のようになる.

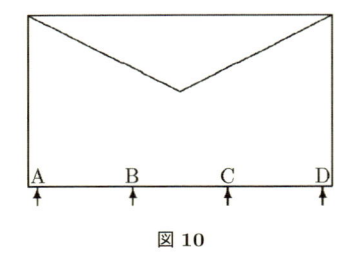

図 10

$$1 \times 076923 = 076923$$

$$3 \times 076923 = 230769$$

$$4 \times 076923 = 307692$$

$$9 \times 076923 = 692307$$

$$10 \times 076923 = 769230$$

$$12 \times 076923 = 923076$$

$$13 \times 076923 = 999999$$

最後の式は，076923 が 1/13 の循環小数展開の 1 つの循環節であることを示唆している．実際そうであることは確認できる．しかし，1，3，4，9，10，12 を掛けて 2，5，6，7，8，11 を飛ばしたのはなぜだろうか．これら飛ばした数を乗数とすると何が起こるのか見てみよう．

$$2 \times 076923 = 153846$$

$$5 \times 076923 = 384615$$

$$6 \times 076923 = 461538$$

$$7 \times 076923 = 538461$$

$$8 \times 076923 = 615384$$

$$11 \times 076923 = 846153$$

よって，153846 は 076923 と対をなす数である．この数も $15 + 38 + 46 = 99$ かつ $153 + 846 = 999$ となる性質を持っている．13 を法とすると，$1^2 = 1$，$2^2 = 4$，$3^2 = 9$，$4^2 = 3$，$5^2 = 12$，$6^2 = 10$ となる．つまり，最初の乗数の集合は平方数であり，2 つ目の集合は平方数ではない[7]．

7 を法とすると，その平方は $1^2 = 1$，$2^2 = 4$，$3^2 = 2$ となる．平方数でないのは 3，5，

---

[7] 訳者注：さらに詳しいことが知りたい読者は，『素数はめぐる：循環小数で語る数論の世界』（西来路文朗・清水健一著，講談社）を参照せよ．

6 である．次のパターンを見ることができる．

$$1 \times 142857 = (14)(28)(57)$$
$$2 \times 142857 = (28)(57)(14)$$
$$4 \times 142857 = (57)(14)(28)$$

$$3 \times 142857 = (42)(85)(71)$$
$$5 \times 142857 = (71)(42)(85)$$
$$6 \times 142857 = (85)(71)(42)$$

M　お金に関する問題

　M はお金 (money) の M である．現代社会はお金のことにとりつかれている．数学において さえ，例えばこのセットの 3 題のように，お金に関連する問題が時々現れる．幸運なことに，私たちはお金だけでなく，数学にもとりつかれている．**M** は数学 (mathematics) の M でもある！

　ということで，お金に関連する問題をさらに 3 つ紹介する．

---

1. ベティとヘティとレティがピクニックに行った．ベティは 5 つのサンドイッチを持ってきて，ヘティは 4 つ持ってきた．レティは持ってくるのを忘れた．サンドイッチを均等に分け合ったあと，レティは他の 2 人に計 9 ドル払った．このとき，ベティにはいくら払われるべきか？

2. ベティとヘティとレティがホテルに宿泊した．従業員が彼女らそれぞれに 10 ドルを請求した．その後ボーイが来て，「従業員が 10 ％ の割引を忘れていて，あなたたちに 3 ドル返金するつもりである」ことを告げた．しかし，ボーイは 5 ドル紙幣しか持っていなかった．そこで，彼女達は彼にお釣りとして 2 ドル渡した．さて，彼女達は最初 30 ドル払った．彼女達が実際払った 27 ドルとボーイに渡した 2 ドルを足すと 29 ドルにしかならない．1 ドル足りないのはなぜだろうか？

3. ホテルのお土産屋に彼女達がとても気に入った美しい人形があった．その値段は 100 未満の整数ドルであったが，誰も払うだけの余裕がなかった．彼女達はそれぞれ整数ドル持っていた．ベティがヘティに「もしあなたのお金の 3 分の 1 を貸してくれたら，私は人形の値段ちょうどを払うことができる」と言った．ヘティがレティに「もしあなたのお金の 4 分の 1 を貸してくれたら，私は人形の値段ちょうどを払うことができる」と言った．レティがベティに「もしあなたのお金の 5 分の 1 を貸してくれたら，私は人形の値段ちょうどを払うことができる」と言った．人形の値段はいくらであるか？

解答は以下の通りである.

1. 多くの人が，提供されたサンドイッチの数に比例してベティが 5 ドル，ヘティが 4 ドルを得るべきであると結論づけるかもしれない．しかし，これは正しくない．1 人の取り分である 3 つのサンドイッチのために 9 ドルが支払われたので，各サンドイッチは 3 ドルの価値がある．ベティは 5 つ提供して，3 つ食べた．したがって，彼女は 6 ドル得て，残りの 3 ドルをヘティのものとすべきである.

2. 失われたドルは存在しない．ベルボーイが受け取った 2 ドルは，彼女たちが実際に支払った 27 ドルに加えるべきではなかった．そうではなく，最初に支払った 30 ドルにそれを加えて，合計 32 ドルとするべきである．代わりに，彼女たちは「27 ドルの価値の宿泊」と「ベルボーイからの 5 ドル」を得た.

3. ベティが $5x$ ドルを，ヘティが $3y$ ドルを，レティが $4z$ ドルを持っていて，人形代は w ドルであるとする．このとき，$5x + y = 3y + z = 4z + x = w$ となる．よって，$15x + 3y = 3w$ であるので，これから $3y + z = w$ を引くと，$15x - z = 2w$ となり，$60x - 4z = 8w$ を得る．これに $4z + x = w$ を足すことで，$61x = 9w$ となる．61 と 9 は互いに素で，$w \leq 100$ なので，$w = 61$ でなければならない．ちなみに，$x = 9$，$y = 16$，$z = 13$ となるので，ベティは 45 ドルを，ヘティは 48 ドルを，レティは 52 ドルを持っていた.

N　魔　方　陣

　問題 1 は，1 から始まる連続する正の整数を使った魔方陣の構成について問うている．これは多くの文化を越えた長い歴史を持つ話題である，魔方陣の構成という古典的問題のバリエーションの 1 つである[8].

　魔方陣の各行各列の数の和をその**魔方陣定数**と呼ぶ．魔方陣の 1 辺の長さをその**位数**と呼ぶ．位数 1 の魔方陣は自明であり，位数 2 の魔方陣は存在しないことも簡単にわかる．ここで，位数 3 の魔方陣の構成を与える.

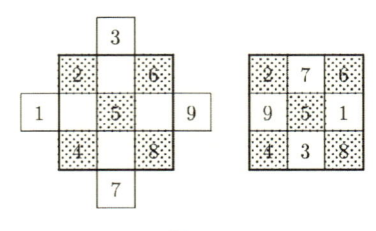

図 11

図 11 の左図において，1 から 9 までの数を 3 つの斜め線上に書いている．3 × 3 の正方

---

[8] 訳者注：魔方陣について詳しく知りたい読者は，例えば『新版 魔方陣の世界』（大森清美著，日本評論社）を参照せよ.

形の外にある 4 つの数を内側に向かってまっすぐに 3 つ移動する．結果として得られた魔方陣を図 11 の右図に表している．魔方陣定数は 15 である．

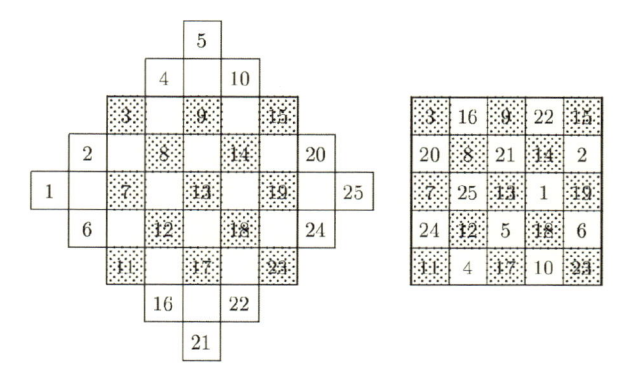

図 12

　この方法は奇数位数の魔方陣の構成に一般化できる．図 12 は位数 5 の場合を表している．

　図 11 の右図の魔方陣は唯一の位数 3 の魔方陣である．これは数学史においてしばしば現れる．古代中国では，それは「洛書」と呼ばれた．これは各対角線上の 3 数の和が 15 となる性質も持っている．この魔方陣をもとにして，偉大なる**マーティン・ガードナー**が 15 のゲームと呼ばれる楽しいゲームを紹介した．洛書との関係を見つける楽しみは読者に残しておく．

> 1 から 9 までの数字が 1 つずつ書かれた 9 枚のカードがテーブルの上にある．アンナとボリスは順番にテーブルからカードを 1 枚取る．アンナが先手である．先に合計が 15 になる 3 枚のカードを手に入れた方が勝ちとなる．勝ったプレイヤーの手札に他のカードがあってもよい．9 枚のカードをすべて取ったときに，どちらのプレイヤーも勝てなかった場合は引き分けとなる．アンナとボリスのどちらに必勝法があるか？

　問題 2 は，魔方陣ではないものの，いくつかの魔方陣的性質を持つ 4 × 4 の表を取り扱っている．位数 3 より大きくなると，魔方陣の複雑度は上がる．さらに，偶数位数の魔方陣の構成はより難しい．図 13 は位数 4 の異なる 880 個の魔方陣の 1 つを示している．この魔方陣は，アルブレヒト・デューラーの 1514 年の有名な版画「メランコリア」にも登場している．

　問題 3 は空間内の魔方陣的構成を取り扱っている．魔方陣の概念に類似したものとして自然に，立方魔法陣の概念が挙げられる．その歴史は比較的浅いが，興味深い資料の多さに驚かされる．繰り返しになるが，位数 1 の立方魔法陣は自明であり，位数 2 の立方

16	3	2	13
5	10	11	8
9	6	7	12
4	**15**	**14**	1

図 13

魔法陣は存在しない．図 14 は，位数 3 の異なる 4 つの立方魔法陣のうちの 1 つである．各行，列，積み重ねの 3 つの数の和は 42 であり，中央の立方体を通る任意の対角線の数の和も 42 である．『銀河ヒッチハイク・ガイド』では，42 は宇宙についての答えである！

10	26	6
24	1	17
8	15	19

23	3	16
7	14	21
12	25	5

9	13	20
11	27	4
22	2	18

図 14

O　論理に関する問題

　問題 1 のような嘘つきと正直者に関する問題はとても古くからある．ここでは，より複雑なものを考える．

> オースティン，ダスティン，ジャスティンの各人は嘘つきか正直者である．ある旅人がオースティンに「あなたは嘘つきですか？　それとも正直者ですか？」と尋ねた．オースティンの答えは不明瞭で，その旅人は，彼が何を言っているのかわからない．そこで旅人はダスティンに「オースティンは何と言ってるんだ？」と聞いた．ダスティンは「オースティンは自分のことを嘘つきだと言っている」と答えた．ジャスティンは「ダスティンを信じるな！　彼は嘘をついている！」と割り込んできた．ダスティンとジャスティンは嘘つきか，それとも正直者か？

　偉大な論理学者である**レイモンド・スマリヤン**はこの問題に出会ったとき，ジャスティンは本質的に何の機能もしておらず，単なるエキストラでしかないことにすぐに気がついた．つまり，ジャスティンの証言がなくても，ダスティンが話した瞬間に，ダスティンが嘘をついているとわかるということである．なぜなら，オースティンが嘘つきであろうと，正直者であろうと，自分が嘘つきであるとは決して言えないからである．スマリヤンは，この問題を次のように修正することで，この欠点を解消している．

旅人が，（オースティンに自身が何者かを問うのではなく）「あなたたちの中に正直者は何人いますか？」と尋ねたとする．ここでも，オースティンははっきりしない答えを返す．そこで，旅人はダスティンに「オースティンは何と言っていますか？」と尋ねる．ダスティンは「オースティンは，私たちの中には正直者がちょうど1人いると言っている」と答える．すると，ジャスティンが「ダスティンを信じるな！彼は嘘をついている！」と言う．さて，ダスティンとジャスティンは嘘つきか，それとも正直者か？

スマリヤンは，正直者を"騎士"と呼び，嘘つきを"悪漢"と呼んでいる．これらは，彼の代表作『この本の名は？』で用いられ，標準的な用語となっている．この本には，おとぎ話を舞台にした興味深い問題の中にある驚きが隠されている．関連するパズルをこつこつと理知的に解いていくと，ゲーデルの定理と呼ばれるメタ数学の深淵な結果の証明が得られる．

スマリヤンは魅力的な本を10冊以上書いている．『パズルランドのアリス』，『スマリヤンの究極の論理パズル』，『シャーロック・ホームズのチェスミステリー』，『アラビアン・ナイトのチェスミステリー』などが代表作である．レイモンドは，造詣の深い研究および多数の本の執筆のほかに，一般の人々，特に学校の子供たちに対して講演を行うことを楽しみにしていた．

彼はまず最初に，聴衆に「良い知らせと悪い知らせがあります．どちらを先に聞きたいですか？」と尋ねる．仮に彼らが「悪い知らせ」と言ったとする．そのときは彼は「悪い知らせは良い知らせがないということです．」と言った．激怒した聴衆はこう迫った．「それなら，良い知らせは何だ？」すると「良い知らせとは，悪い知らせが事実でないということです！」と答えた．

問題2と問題3に登場するミュンヒハウゼン男爵は，数学内外の物語に登場する有名なキャラクターである．彼はほら話を真実のように語ることで有名である．

あるとき彼は，雪原で馬を十字架につなぎ，その横で寝たと言った．翌日，目を覚ますと，そこは賑やかな市場の真ん中だった．彼の馬はどこにも見当たらなかった．しばらくして，頭上から馬のいななきが聞こえてきた．馬は近くの教会の尖塔につながれていたのである！彼の説明によると，前の晩に大雪が降って，町は尖塔以外が雪に覆われていて，その後，雪が溶けたということだった．

P　コインの重さの測定問題

問題1と2は異なる重さを持つコインの集合の部分的な順位付けを取り扱っている．デニス・シャシャの問題集『ドクター・エッコ：奇妙なパズルの依頼人たち』の中で，異なる8枚のコインの重さの順位を当てるという問題がある．4つの天秤を同時に使うことができ，測る回数をできるだけ少なくしたい．

まず初めに，この問題を 2 枚のコインの問題にして考える．明らかに，1 回は測る必要があり，それで十分である．よって，ちょうど 1 回の操作ですむ．もしコインの枚数が多ければ，分割統治法を使う．4 枚のコインに対して，1 回目の操作で 2 つのソートされたペア (A_1, A_2) と (B_1, B_2) を得ることができる．ただし，A_1 と B_1 はそれぞれのペアにおいて重い方とする．ここから，2 通りの方法がある．

多くの人が 2 回目の操作で，A_1 と B_1 および A_2 と B_2 を測定するだろう．これによって，1 位と最下位が決定される．もし残りの 2 枚のコインが 1 回目の操作ですでに測定したペアであれば，順位付けはすでに終わっている．そうでなければ，3 回目の操作を行って 2 位と 3 位を決定することができる．この方法は**奇偶マージソート**として知られている．なぜなら，添え字が奇数のコインを 1 つのグループに，添え字が偶数のコインをもう 1 つのグループにするからである．

2 回目の操作で，A_1 と B_2 および B_1 と A_2 を測ることもできる．A_1 と B_1 が重い場合は，それらは上位の 2 枚であり，A_2 と B_2 が下位の 2 枚である．3 回目の操作で，順位付けが完了することができる．一方，2 回目の操作で，A_1 または B_1 のどちらかが軽い場合，この時点で順位付けは完了している．この方法は**逆さまマージソート**として知られている．その名の理由は明らかであろう．

8 枚のコインの場合，3 回の操作で，2 つの順位付けられた 4 つ組 (A_1, A_2, A_3, A_4) と (B_1, B_2, B_3, B_4) を得ることができる．奇偶マージソートを用いて，(A_1, A_3) と (B_1, B_3) を順位付けられた 4 つ組 (C_1, C_2, C_3, C_4) に合併して，(A_2, A_4) と (B_2, B_4) を順位付けられた 4 つ組 (D_1, D_2, D_3, D_4) に合併する．明らかに，C_1 が最も重いコインであり，D_4 が最も軽い．さらに，2 位と 3 位が C_2 と D_1 のどちらかであること，4 位と 5 位が C_3 と D_2 のどちらかであること，6 位と 7 位が C_4 と D_3 のどちらかであることがわかる．よって，6 回の操作で順位付けが完了する．逆さまマージソートを用いると，A_1 と B_4，A_2 と B_3，A_3 と B_2 および A_4 と B_1 を測定する．この測定で A_1 か B_1 のどちらかが軽い場合，順位付けは完了する．よって，どちらも重いとしてよい．A_2 と B_2 がどちらも重い場合，(A_1, A_2) と (B_1, B_2) が上位 4 枚であり，(A_3, A_4) と (B_3, B_4) が下位 4 枚である．さらに 2 回の操作で順位付けが完了する．A_3 が B_2 より重いと仮定する．このとき，上位 4 位は (A_1, A_2, A_3) と B_1 であり，下位 4 位は A_4 と (B_2, B_3, B_4) である．5 回目の操作で，A_2 と B_1 および A_4 と B_3 を測定する．順位付けは 6 回目の操作で完了することができる．

読者には，5 回の操作で，8 枚のコインの順位付けが完了できるかどうか調べてみることを勧める．

問題 3 と 4 は，偽コインを判別する問題である．有効な方法は**3 元符号**すなわち 1，2，3 からなる列を利用することである．3 を選択するのは自然なことである．なぜなら，天秤での測定結果には 3 つの可能性があるからである．釣り合うかもしれないし，左に傾くかもしれないし，右に傾くかもしれない．

　古典的な問題は，9 枚のコインの中にちょうど 1 枚含まれている重い偽コインを特定するものである．ここでは 2 回測定できるので，長さ 2 の 3 元符号を用いる．それは $3^2 = 9$ つある．9 枚の硬貨に 11，12，13，21，22，23，31，32，33 の符号を割り当てる．1 回目の測定では，符号の 1 桁目が 1 であるコインをすべて左の皿に，符号の 1 桁目が 3 であるコインを右の皿に置き，そして 2 回目の測定では，符号の 2 桁目を用いる．

　1 回目の測定で釣り合った場合は，偽コインの符号の 1 桁目が 2 であることがわかる．左に傾いた場合は 1 であり，右に傾いた場合は 3 である．同様にして，2 回目の測定で符号の 2 桁目が決定されて，偽コインが特定される．

　さらに難しい問題は，12 枚のコインのうち 1 枚が偽物で，それが本物より重いか軽いかわからないというものである．3 回の測定で，偽物のコインを特定し，さらにそれが重いか軽いかも決定したい．

　3 回測定できるので，長さ 3 の 3 元符号を使用する．しかし，最初から問題が発生する．それは，長さ 3 の 3 元符号は $3^3 = 27$ 個あるが，コインは 12 枚しかないということである．そこで，3 つの符号を取り除き，各コインには残りの符号から 2 つずつ割り当て，1 つは偽コインが重い場合，もう 1 つは偽コインが軽い場合に対応させる．

　111，222，333 を取り除くのは，特段驚くことではないだろう．残りの符号は，対応する桁の和がすべて 4 であるような相補的なペアにできる．ここで，一方の符号を 1 次符号，もう一方を 2 次符号として割り当てる．そのような割り当てを下の表に示している．

コイン	A	B	C	D	E	F
1 次符号	112	331	121	122	123	313
2 次符号	332	113	323	322	321	131
コイン	G	H	I	J	K	L
1 次符号	312	311	233	232	231	223
2 次符号	132	133	211	212	213	221

　相補的なペアを作ることとは別に，符号の割り当てにはもう 1 つ条件がある．1 次符号の 1 桁目，2 桁目，3 桁目のそれぞれにおいて，1，2，3 がそれぞれちょうど 4 つずつ現れなければならない．このとき，2 次符号も自動的に同じ性質を持つことになる．

　各測定において，左の皿には 1 次符号の該当する桁[9] が 1 であるコインを，右の皿には 1 次符号の該当する桁が 3 であるコインを置く．

測定	左の皿	右の皿
1 回目	A, C, D, E	B, F, G, H
2 回目	A, F, G, H	B, I, J, K
3 回目	B, C, H, K	E, F, I, L

　各コインは少なくとも 1 回は測定されるので，3 回すべてが釣り合うことはない．これが 3 元符号 222 を取り除いた理由である．B，E，F，G，H，K の各コインは異なる測定

---

[9] 訳者注：i 回目の測定において，1 次符号の i 桁目の数字によってコインを分ける．

で異なる皿に載っているので，3 回すべてが右に傾くこともなく，すべてが左に傾くこともない．したがって，111 と 333 も取り除いている．

3 回の測定の結果が，左に傾く，左に傾く，右に傾くであったとする．偽コインが重いと仮定すると，1 次符号は 113 でなければならない．今，113 はコイン B の 2 次符号である．よって，コイン B が偽物で，本物のコインよりも軽い[10]．

Q　幾何的配置

問題 1 は本質的に，平面上の点の配置で，各点が他の 3 点から等距離にあるものを求めている．ここでの解答は 16 個の点を使っている．より少ない数の点を使った配置を見つけよ．ただし，この場合は点を接円に置き換えられないことに注意せよ．さらに，各点が他の 4 点から等距離にあるような配置を見つけよ．

問題 2 はチェス盤の配置に関連している．ここで，もう 1 つの別の問題を紹介する．6 つのルークが，6 × 6 のチェス盤のマス目に，互いに利き筋にないように置かれている．したがって，各空きマスはちょうど 2 つのルークからの利き筋となっている．各空きマスに対して，利き筋となっている 2 つのルークが同じ距離にあることはありうるか？各空きマスに対して，利き筋となっている 2 つのルークの距離が異なることはありうるか？

問題 3 は幾何学的な配置の個数を扱う問題である．ここでは，設定を，5 つの城壁が五角星形に交差している城に変える．2 つの壁の交差点には 10 個の監視塔がある．各監視員は監視塔に常駐し，そこで交差する両方の壁を監視する．各壁を少なくとも 5 人の監視員で監視するために，必要な監視員の最小人数は何人か？

ついでに言うと，王はこの城の設計に不満を持っている．彼は，10 個の監視塔がすべて，外から直接攻撃されることを嫌がっている．彼は城の再設計を求めているが，変わらず 5 つの壁が 10 個の監視塔で交差することを望んでいる．一方，王が王宮として使用できるような，城壁に守られた監視塔が 1 つ存在すべきだと考えている．その望みを叶えることができるだろうか？

これら新しい問題に対する解答を与えることにしよう．

最初の問題では，正方形の各頂点が他の 2 つの頂点から等距離にあることに注目する．この考えを利用して，どちらの問題も解く．図 15 において，左側では 2 つの正方形が組み合わされていて，右側では 3 つの正方形が組み合わされている．

2 つ目の問題では，6 つのルークを同じ対角線上に配置すると，すべての空きマスが同じ距離の 2 つのルークからの利き筋となる．一方，図 16 のように，ルークを互いに利き筋にないクイーンのように置くと，すべての空きマスが異なる距離の 2 つのルークからの利き筋となる．

---

[10] 訳者注：さらに詳しく知りたい読者は，『パズル・ゲームで楽しむ数学—娯楽数学の世界—』（伊藤大雄著，森北出版）を参照せよ．

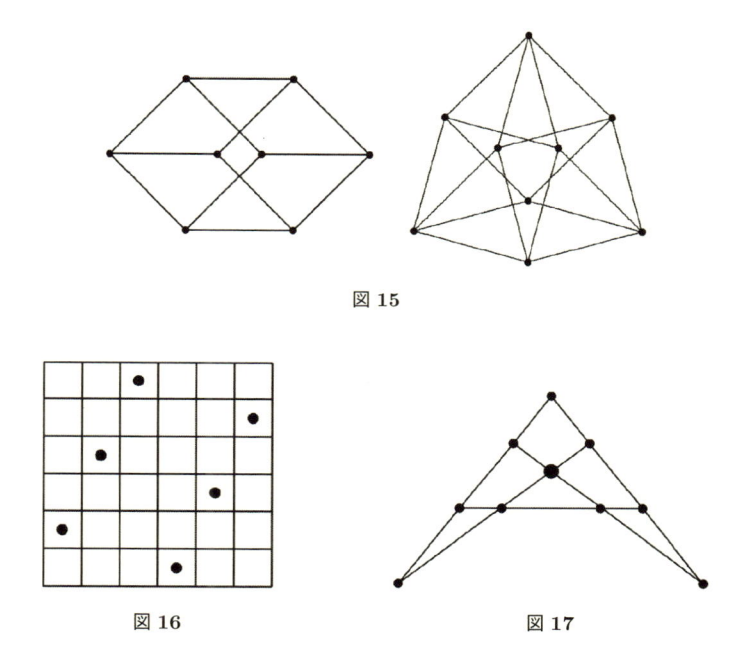

図 15

図 16　　　　　　　　　図 17

　3つ目の問題では，5つの壁があり，それぞれの壁に対して5人の監視員が要求されている．各監視員は2つの壁を守るので，$(5 \times 5) \div 2 = 12.5$ となり，監視員の人数を13人以下にすることはできない．中央の五角形の頂点にある監視塔に全員を配置することで，13人の監視員で済む．隣接しない2つの監視塔に2人ずつ，残りの3つの監視塔に3人ずつ監視員を配置する．そうすると，各壁には少なくとも5人の監視員がいることになる．

　試行錯誤の結果，王の技師たちは図17に示すような設計を思いついた．しかし，王妃が自分にも守られた監視塔がほしいと言い出し，王の技師たちはまた一からやり直さなければならなくなったという．

R　色に関する問題

　問題1と問題3の内容には色が含まれているが，問題2の内容には含まれていない．代わりに，問題2を解くための手法として彩色が使われている．ここでは，さらに3つの問題を紹介する．

1. 円周上に 20 人の子供がいて，少年も少女もどちらも少なくとも1人はいる．彼らは誰も2枚以上のTシャツを着ていない．各少年に対して，時計回りで次の子供は青いTシャツを着ている．各少女に対して，反時計回りで次の子供は赤いTシャツを着ている．円周上の少年の人数を決定することができるか？

2. 1から1000までの数を円周上に適当に並べる．差の絶対値が749以下となる2つの数を結ぶ，500本の非交差な線分を構成できることを示せ．

3. 正45角形の各頂点は赤，黄，緑のいずれかであり，各色の頂点は15個存在する．各色に対して頂点を3つずつ選び，選ばれた同じ色の頂点が作る3つの三角形を合同にできることを示せ．

解答は以下の通りである．

1. 「少年と少女は円周上に交互に並ばなければならない」という主張を示す．そうでないとして，2人の少女が隣り合っているとする．このとき，ある少年に対して，彼から時計回りの2人の子供がどちらも少女となる．1番目の少女は，隣の少年のせいで，青のTシャツを着ていなければならず，もう片方の隣の少女のせいで，赤のTシャツを着ていなければならない．これは矛盾である．同様にして，2人の少年が隣り合うこともできないので，上記の主張は示された．したがって，少年の人数は10となる．そして，すべての少年が赤のTシャツを着ていて，すべての少女が青のTシャツを着ている．

2. 251から750までの数に赤，それ以外の数に青を塗る．各赤点と各青点を直線分で結ぶ．500本の線分の配置の中で，線分の長さの総和が最小となるものを選ぶ．2本の線分RBと$R'B'$がある点Pで交差するとする．それらをRB'と$R'B$に置き換えると，三角不等式より，

$$RB + R'B' = RP + BP + R'P + B'P > RB' + R'B$$

となる．しかし，これは最小性に矛盾する．よって，その最小の配置において，500本の線分のどの2本も交差しないことがわかる．したがって，$1000 - 251 = 749 = 750 - 1$が赤点と青点の最大の差となる．

3. 正四十五角形を透明な紙に写し，その上に15個の赤色の点の位置をマークする．これを赤色の配置と呼び，正四十五角形の中心に関して，透明な紙を1回につき8°回転させる．45通り現れるそれぞれの配置に対して，15個のマークと重なっている黄色の点の個数を数える．15個の黄色の各点は15個のマークそれぞれと重なるので，重なりの総数は$15 \times 15 = 225$である．よって，各配置ごとの重なりの数の平均は5である．しかし，赤色の配置において，重なりの数は0である．よって，重なりを6つ以上持つ配置がある．これを黄色の配置と呼び，そして，黄色の点と重なっているマークの中から任意の6つを選び，残りの9つのマークを消す．回転操作を再度行い，今度は6つのマークと重なった緑色の点の個数を数える．重なりの総数は$6 \times 15 = 90$であり，各配置ごとの重なりの数の平均は2である．先ほどと同様に，重なりを3つ以上持つ配置がある．これを緑色の配置と呼び，そして，緑色の点と重なっているマークの中から任意の3つを選び，残りの3つのマークを消す．残っている3つのマークは赤色の配置において赤色の三角形，黄色の配置において黄色

の三角形，緑色の配置において緑色の三角形を構成し，3 つの合同な三角形を与える．

S 総当たり戦の問題

総当たり戦の問題たちは互いに似通っていて，数学コンテストにおいて非常に人気がある．世界における最高の数学コンテストであろうと言われている the International Mathematics Tournament of the Towns は，かの有名な**ニコライ・コンスタンティ ノフ**の指導の下，モスクワの専門家グループのボランティアによって組織されている．この素晴らしいコンテストから 3 つの問題を紹介する．

1. レスリングの総当たり戦において，異なる強さを持つ 100 人の参加者がいる．各レスラーは 2 試合に参加する．各試合では，より強いレスラーが必ず勝つ．2 試合とも勝ったレスラーには賞が与えられる．賞をもらったレスラーは最小で何人となり得るか？

2. 総当たり戦において，15 チームがそれぞれ，互いにちょうど 1 回だけ対戦した．ある試合において，対戦している 2 チームがそれまでに行った試合数の和が奇数となることを示せ．

3. 引き分けのない総当たり戦において，8 チームはそれぞれ，他のチームとちょうど 1 回試合を行う．総当たり戦の結果，ある 4 チーム A，B，C，D において，A が B，C，D に勝ち，B が C と D に勝ち，C が D に勝つことを示せ．

解答は以下の通りである．

1. 各レスラーに対して，強さに関してすぐ下のレスラーと戦わせる．ただし，最も弱いレスラーは最も強いレスラーと戦わせる．このとき，各レスラーは 2 試合に出場する．そして，全員 1 試合勝って 1 試合負ける．ただし，最も強いレスラーは 2 試合とも勝ち，最も弱いレスラーは 2 試合とも負ける．どのように試合を組んでも，最も強いレスラーは必ず賞を獲得するので，賞を獲得するレスラーの最小の人数は 1 人となる．

2. 各チームが行った 14 試合において，そのチームがそれまでに行った試合数はそれぞれ 0，1，2，⋯，12，13 である．これらの数のうちちょうど 7 つが奇数である．全チームを考慮すると，過去に行った試合数を並べた 210 個の数のうちちょうど 105 個が奇数である．したがって，奇数だけではペアを組むことができず，少なくとも 1 つの奇数は偶数とペアになり，その試合において和が奇数となる．

3. 8 つのチームの中で，他のどのチームよりも勝利数が少なくないチームがいる．このチームを A と呼ぶ．A は少なくとも 4 勝していなければならない．A に負けた 4 チーム内のミニ総当たり戦を考える．同様に，他の 3 チームよりも勝利数が少なくないチームがいる．このチームを B と呼ぶ．B はこのミニ総当たり戦において少なくとも 2 勝していなければならない．B が負かした 2 つのチームは互いに対戦す

る．その勝者を C，敗者を D と呼ぶ．このとき，所望の性質を持つ4つのチームを得る．

T 詰め込みと被覆の問題

詰め込みの問題と（その対をなす）被覆の問題は日常生活においてしばしば現れる．問題2の例題は 6×6 の箱に詰め込める S-テトロミノの最大個数を尋ねている．すでに見たように，その答えは8である．他のテトロミノに対する解はいくつだろうか？

O-テトロミノに対して，その答えは明らかに9である．I-テトロミノ，L-テトロミノ，T-テトロミノそれぞれに対して，答えは8となる．初めに，6×6 の箱にそれぞれの8個のコピーを詰め込めることを図18に示す．

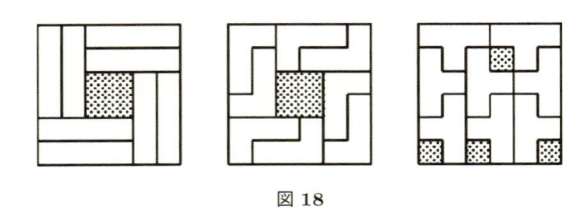

図 18

ここで，これらの解が最善であることを示す．

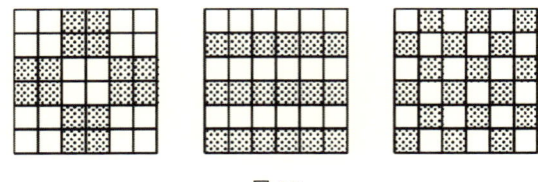

図 19

I-テトロミノのコピーを図19の左図の箱に詰め込むとする．各コピーはちょうど2つの影付き正方形を被覆しなければならない．影付き正方形は16個しかないので，多くとも8個のコピーしか詰め込むことができない．

L-テトロミノのコピーを図19の中央図の箱に9個詰め込むことができたとする．各コピーはちょうど1つまたは3つの影付き正方形を被覆する．よって，9個のコピーは奇数個の影付き正方形を被覆する．影付き正方形の個数は18であるので，矛盾となる．

最後に，T-テトロミノのコピーを図19の右図の箱に9個詰め込むことができたとする．各コピーはちょうど1つまたは3つの影付き正方形を被覆する．よって，9個のコピーは奇数個の影付き正方形を被覆する．影付き正方形の個数は18であるので，矛盾となる．

　興味を持った読者は，より大きな箱への詰め込み，または，より大きなポリオミノの詰め込みに挑戦してもよいだろう．

　ポリオミノに均一な厚みを与えると**ポリキューブ**になる．テトラキューブについては，テトロミノから得られる5種の他に，図20に示された3種類が存在する．外側の2つは同じ形状の左利き系と右利き系である．

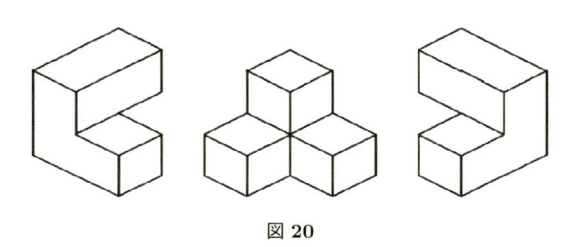

図 20

　4つ以下の単位立方体を持つポリキューブで，直方体ではないものはさらに4つある．それらはV-トリキューブ，L-テトラキューブ，S-テトラキューブ，T-テトラキューブである．図20の3つのポリキューブと合わせて，体積の合計は27となる．それらは3 × 3 × 3の箱に詰めることができる．このパズルは有名な**ソーマキューブ**である[11]．

U　分割問題

　問題1のキーワードは「凸」である．凸な平面図形の一般的な定義は，その図形の中の任意の2点を線分で結ぶと，その線分全体が図形の中に必ず入るというものである．言い換えると，凸な部屋にいる2人の人はどこにいてもお互いが見えるということである．

　多角形に対しては，別の定義が存在する．多角形が凸であることと，内角がどれも180° 以下であるということは同値である．よって，三角形はすべて凸であるが，図21の左図に示したもののように，四角形には凸ではないものが存在する．この四角形は，ある2点を結ぶ線分の一部が外に出ていて，その内角の1つは180° より大きい．

　問題1は，図21の右図に示したように，もし凸でない多角形を許すと自明となる．

　問題2では本質的には，1つの三角形をいくつかの三角形に分けること（三角形分割）を求めている．数学において，三角形分割は非常に頻繁に現れる．重要なものの1つとして，凸多角形を，内部で交差しない対角線だけを用いて三角形に分割するという場合がある．その凸多角形が四角形のとき，どちらかの対角線に沿って分割すればよいので，2通りの方法がある．五角形のときは，図22に示すように5通りあるが，もし正五角形であれば，回転させるとすべて同じものとなる．

　図22の最下段の中央にある三角形分割を考える．図23の左図のように，五角形の底

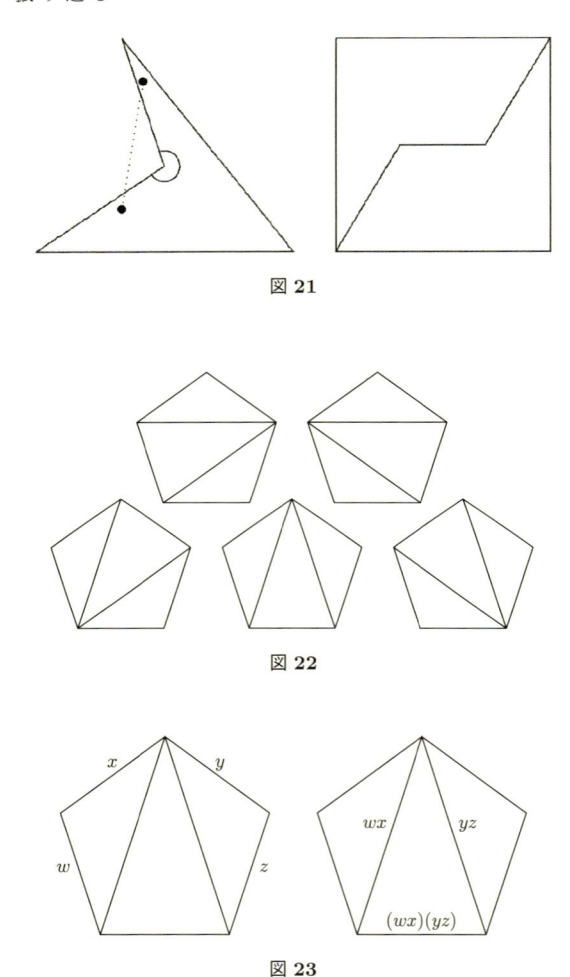

図 21

図 22

図 23

辺以外の辺に，w，x，y，z のラベルを付ける．ラベルの付いていない辺を持つ3つの三角形がある．このような辺には，他の2つの辺のラベルを時計回りの順に組み合わせたラベルを付けることにする．図23の右図は，ラベル付けが完了した状態を表している．

　交差しない対角線で凸五角形を三角形分割する方法が5通りあるように，多項式 $wxyz$ の括弧の付け方は5通りある．$(wx)(yz)$ 以外の4つの方法は $w(x(yz))$，$((wx)y)z$，$w((xy)z)$，$(w(xy))z$ である．これらは他の4つの三角形分割と対応している．

　"A pretty little girls' school" [12] というフレーズは，言葉をどのようにして区切るのか

---

[12] 訳者注：原著では "pretty" を "very"（とても）と "beautiful"（美しい）の2つの意味に使い分けて考えている．

によって，5つの意味を持つ．

(1) 少女のためのとても小さい学校

(2) 小さい少女のための美しい学校

(3) 美しく小さい少女のための学校

(4) 少女のための美しく小さい学校

(5) とても小さい少女のための学校

　凸多角形を，交差しない対角線だけを用いて三角形分割する方法の総数は，**カタラン数**と呼ばれる数列で与えられる．最初のいくつかの項は，1，1，2，5，14である．次の項は，そこまでの数列の昇順と降順を上下に並べて書いて，上下の項の積を足し合わせることで得られる．以下の計算から，次の項は42であることがわかる．

$$
\begin{array}{cccccc}
 & 1 & 1 & 2 & 5 & 14 \\
\times & 14 & 5 & 2 & 1 & 1 \\
\hline
 & 14 & + 5 & + 4 & + 5 & + 14 & = 42
\end{array}
$$

　問題3では，すべてのピースが同一である．同一のピースで平面を覆うことをテセレーション（タイル張り）といい，そのピースをタイルと呼ぶ．どんな三角形でも平面をタイル張りできる．なぜなら，その三角形の2つのコピーで平行四辺形を作ることができ，平行四辺形で平面をタイル張りできるからである．どんな四角形でも（それが凸であろうとなかろうと）平面をタイル張りできることもわかる．しかし，凸の五角形はそうではない．例えば，正五角形では明らかに平面をタイル張りできない．

　平面をタイル張りできる凸五角形は，1918年には5種類知られていた．1968年にさらに3種類が発見され，これでリストが完成したと信じられていた．1977年，アマチュアの数学者**マージョリー・ライス**が9種類目を発見し，専門家を驚かせた．彼女の研究は，エッシャー研究家として知られる**ドリス・シャットシュナイダー**を通じて，プロの数学者たちに知られることになった．

　これら9種類の五角形はテセレーションにおいて辺と辺がきちんと重なっている．1975年，平面をタイル張りするが，辺と辺がきちんと重ならない凸五角形が初めて発見された．マージョリー・ライスはそのようなものをさらに3種類発見した．5種類目は1985年に，6種類目は2015年に発見された．現在では，15（=9+6）種類でリストが完成したと信じられている．

　最後のタイプは，これまでのタイプと異なり，関連する五角形の族から構成されているのではなく，単一のもので構成されている．これを図24に示している．辺の長さは，AB = BC = DE = 1，CD = 2であり，EAは2より少し小さい．角度は，∠A = 105°，∠B = 90°，∠C = 150°，∠D = 60°，∠E = 135°である．

　正方形，正三角形以外には，正六角形が平面をタイル張りする唯一の正多角形である，図25に示された，これら3つのテセレーションをプラトニックテセレーションと呼ぶ．

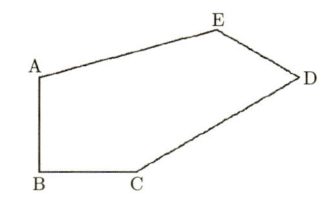

図 24

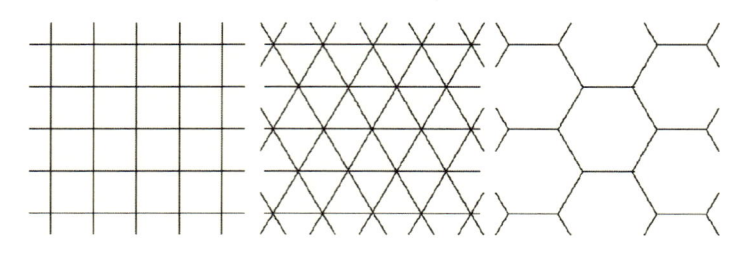

図 25

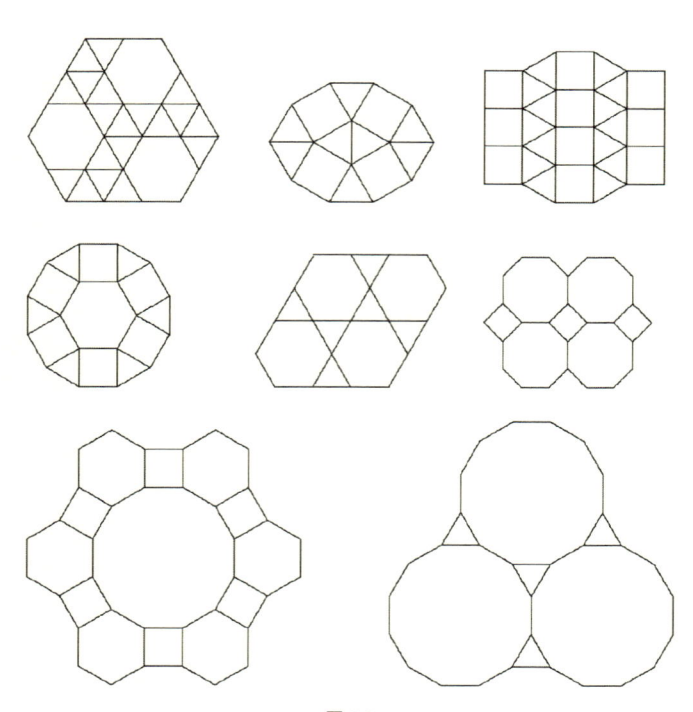

図 26

各頂点の周りにある，同一の多角形の大きさの列はどれも同じである．それらはそれぞれ，$(4, 4, 4, 4)$，$(3, 3, 3, 3, 3, 3)$，$(6, 6, 6)$ である．

複数の種類の正多角形を許し，すべての頂点列が同じであるという条件を維持すると，アルキメデステセレーションと呼ばれる 8 種類の組み合わせが存在する．それらを図 26 に示している．頂点列はそれぞれ，$(3, 3, 3, 3, 6)$，$(3, 3, 4, 3, 4)$，$(3, 3, 3, 4, 4)$，$(3, 4, 6, 4)$，$(3, 6, 3, 6)$，$(4, 8, 8)$，$(4, 6, 12)$ および $(3, 12, 12)$ である[13]．

V　グラフ理論

近代数学において最も役立つ概念は**グラフ**の概念である．それは，いくつかの点（**頂点**）と，それらのペアを結ぶ線（**辺**）の組である．辺には向きがついている（**有向辺**と呼ばれる）こともある．

この一般的な定義はグラフに高い汎用性を与える．グラフは交通網のモデルとしてしばしば使われる．頂点は都市を表し，辺は都市間を結ぶ道路を表すとしよう．都市から都市へ道路を使って旅するとき，そのグラフの**道**に沿って動く．それは異なる辺の列で，連続する 2 辺が共通の頂点を持つものである．その道が出発した頂点に戻るとき，それは**閉路**と呼ばれる．

問題 1 に対する解答をこの新しい言葉を使って書き直そう．再び，各都市を頂点とする．もし都市 B が都市 A から最も遠いならば，頂点 A から頂点 B へ有向辺を結ぶ．A から出発して，B に行って，直後でなく A に戻ってきたとする．このとき，有向閉路に沿って旅することになる．しかし，この閉路において，各辺は 1 つ前の辺よりも長い．それは明らかに不可能である．

問題 2 において，道路は 3 つ以上の頂点を結んでいる．根底にある構造はもはやグラフでなく**ハイパーグラフ**である．セット D で出会ったファノ平面はハイパーグラフの一例である．それは 7 つの頂点と 7 つのハイパー辺を持ち，各辺は 3 つの頂点を結んでいる．それは図 27 のように再描画される．ただし，ハイパー辺の 1 つは直線ではなく円に

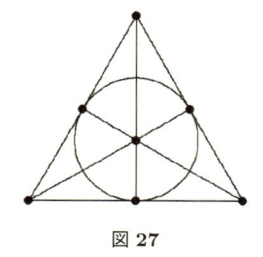

図 27

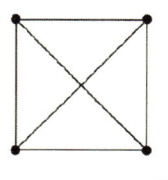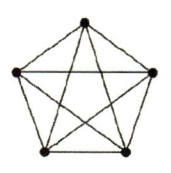

図 28

---

[13] 訳者注：テセレーションに興味を持たれた読者は，「日本テセレーションデザイン協会」のウェブページや『M.C. エッシャーと楽しむ算数・数学パズル』（荒木義明著，明治図書出版），『離散幾何学フロンティア―タイル・メーカー定理と分解回転合同―』（秋山仁著，近代科学社）を参照せよ．

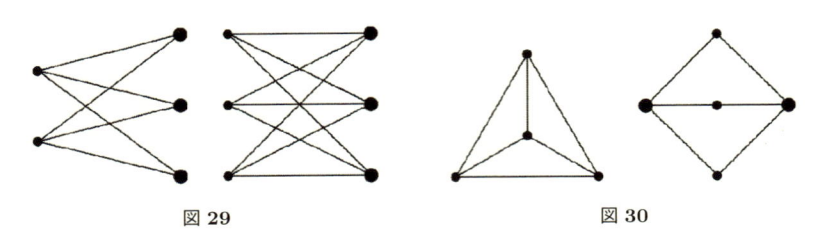

図 29　　　　　　　　　　　　　　　　　図 30

よって表している.

　グラフの特別なクラスとして，n 個の頂点を持ち，すべての 2 頂点ペアが辺によって結ばれている完全グラフ K_n が挙げられる．図 28 は K_4 と K_5 を表している.

　グラフの他の特別なクラスは完全 2 部グラフ $K_{m,n}$ である．それは一方の側の m 個の頂点ともう一方の側の n 個の頂点からなり，一方の側の各頂点はもう一方の側のすべての頂点と結ばれているが，同じ側のどの 2 つの頂点も結ばれていない．図 29 は $K_{2,3}$ と $K_{3,3}$ を表している．ただし，異なる側にある頂点は異なる大きさで表している.

　図 28 と図 29 の 4 つのグラフすべてにおいて，辺は頂点ではない場所で交差している.これを避けることができれば，そのグラフを**平面的**であるといい，そうでなければ**非平面的**であるという．K_4 と $K_{2,3}$ は平面的であること，K_5 と $K_{3,3}$ はそうではないことがわかる．避けることができない交差の最小数はグラフの**交差数**と呼ばれる．平面的グラフは交差数 0 であるグラフであり，問題 3 は K_6 の交差数が 3 以下であることを示している.

　図 30 の左図において，K_4 を辺の交差なく描き，平面を 3 つの三角形と無限領域に分割している．この図を K_5 にしようとすると，4 つの領域の 1 つに頂点を追加しなければならない．どの領域に頂点を追加しても，他の 4 つの頂点のうち 1 つはその追加した頂点と辺の交差なく結ぶことはできないことが簡単に確認できる[14].

　図 30 の右図において，$K_{2,3}$ を辺の交差なく描き，平面を 2 つの四角形と無限領域に分割している．この図を $K_{3,3}$ にしようとすると，3 つの領域の 1 つに大きな黒点の頂点を追加しなければならない．どの領域に追加しても，他の 3 つの小さな黒点の頂点のうち 1 つは追加した頂点と辺の交差なく結べないことが簡単に確認できる.

　パズルの本では，$K_{3,3}$ は公共施設グラフと呼ばれることがある．一方の 3 つの頂点は水道，ガス，電気の供給を表していて，もう一方の 3 つの頂点は，それらの供給ラインを交差して欲しくないと揉めている世帯を表している.

　クラトフスキーによる定理が述べているのは，本質的には「グラフが平面的であるための必要十分条件は，そのグラフが K_5 も $K_{3,3}$ も含まない」ということである．グラフが平面的であることを示すのに，それを辺の交差なく再描画する方が簡単であることが多い.これは定理の逆（ちなみに，簡単な方）であり，非常に役立つ．ここで例を挙げる.

---

[14]訳者注：正確には，ジョルダン曲線定理と呼ばれる定理により，その交差が保証される.

　図 31 の左図のペテルセングラフは非常によく現れる．そのグラフは 10 個の頂点と 15 本の辺を持つ．ここでは，それが平面的でないことを証明する．図 31 の右図において，2 本の辺を除去して 4 つの頂点を書かないことにした．すると，$K_{3,3}$ のコピーが見て取れる．ここでも，2 部グラフの異なる側にある頂点は異なる大きさで描いている．

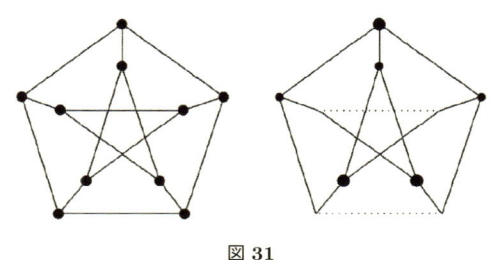

図 31

W　数に関する 1 人ゲーム

　4 つの問題はすべて，数を含む 1 人ゲームである．以下の冒険物語の 3 つのパートのうち，後ろ 2 つは数を含む 1 人ゲームであるが，それらはかなり異なる．

　バック，フック，パックは魔法で，古い城の中の暗い部屋に飛ばされてしまった．彼らはロボットを見つけて，それを起動した．ロボットは，自身の名前はムックだと言い，手提げランプと城の地図を持っていた．城は，図 32 のように 7 × 7 の配置をした 49 個の部屋からなっていた．ムックは，現在地が X のマークの付いた部屋であることを彼らに知らせた．隣接している部屋の間のドアの多くは一方通行であり，それは矢印で示されている．大文字のラベルが付いたドアはロックされている．小文字のラベルが付いた鍵がそれらのドアの鍵となっていて，いくつかの部屋に散らばっている．正しい鍵を使うと，ロックされたドアのどちらからも開けることができる．彼らはどうやって城から脱出したか？

　城の外に出ると，彼らは自分たちが高い崖の上にいることがわかった．崖を降りるには，彼らは滑車を使うしかない．ムックは，2 つのかごの重さの差が 5 キロ以内であれば，乗客に危険のない速度で重い方のかごが下降することを彼らに伝えた．もしそれ以上の差があれば，重い方のかごは下の地面に激突する．今，バック，フック，パックの体重はそれぞれ，65 キロ，35 キロ，30 キロであり，ムックの重さは 25 キロである．さらに，ムックは地面への激突に耐えることができる．彼らはどうやって崖の上から降りたか？

　彼らは，海岸に出て，自分たちが島にいることがわかった．本土に戻るための唯一の方法は，2 人しか同時に渡ることができない細い橋を渡ることである．そのとき，空が真っ暗で，橋を渡るには，ムックの手提げランプを持つ必要がある．つまり，少なくとも 2 人が同時に本土に渡り，そのうちの 1 人が島にいる人のために手提げランプを持ち帰らなければならない．橋を渡る際，2 人のうち遅い方の速度で渡ることになる．ムックは 1 分，バックは 2 分，フックは 5 分，パックは 10 分で橋を渡ることができる．誰かが橋を

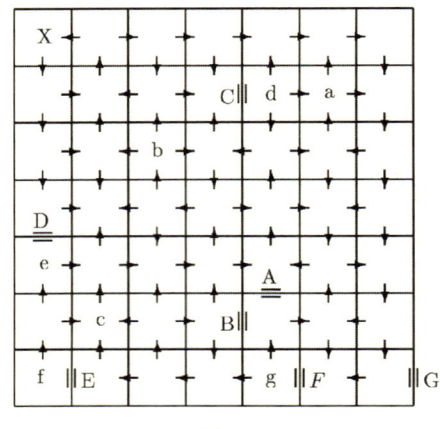

図 **32**

渡り始めるのと同時に，タイマーが作動し，18 分後に橋は自爆する．彼らはどうやって本土に戻ったか？

　この冒険の最初の 2 つの問いは，ボリス・コルディムスキーの『モスクワのパズル』（ロシア語からの翻訳）から転用したものである．この本は，子供向けの数学の本として非常にお勧めであり，現在ではドーバーのペーパーバックで安価に入手できる[15]．最後の問いは，より最近の数学的伝承によるものである．

　一方通行の扉のある迷路は，アルファベット順に鍵を拾っていけば簡単に解ける．崖を降りるためには，ムックがかごに乗り地面に落ちる．そして，ムックとバックがかごに乗ることで，ムックは崖の上に上がり，バックは地面に降りる．次にバックとフックがかごに乗ることで，バックは崖の上に上がり，フックは地面に降りる．再びムックがかごに乗り地面に落ちて，一方のかごにバックが乗り，もう一方のかごにフックとムックが乗ることで，フックとムックは崖の上に上がり，バックは地面に降りる．そして，最初の方に行った動きを繰り返し，全員を降ろす．橋を渡るためには，ムックとバックが先に行く．ムックが戻ってくる．そしてフックとバックが行き，バックが戻ってくる．最後はムックとバックが行く．

X　幾何に関する 1 人ゲーム

　4 つの問題はすべて，ものを動かすことを含んだ 1 人ゲームである．おそらく，この種のパズルの最も有名な例はハノイの塔である．盤に刺さった 3 本の棒と異なる大きさの 3 つの（真ん中に穴が空いている）円盤がある．初期状態を図 33 の上に表していて，最終状態を図 33 の下に表している．ある棒の最上部にある円盤を別の棒の最上部に動かすこ

---

[15]訳者注：日本では，『ガードナー不思議の国のパズル百科』（M. ガードナー編，B. コルディムスキー著，宮崎興二訳，丸善出版）として販売されている．

としかできず，円盤はそれより小さい円盤の上に置けないことがルールである．

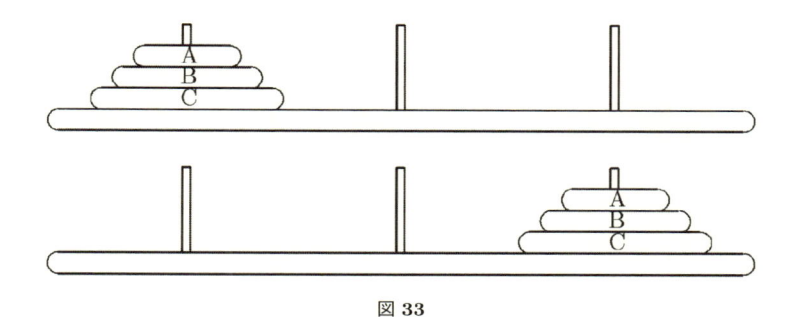

図 33

　この移動は7手で行うことができる．読者には，円盤の個数が4以上であるとき，何手必要であるかを調べることを勧めたい．

　ここで，ハノイのアーチと呼ばれる，日本発の楽しい変形バージョンを紹介する．それは，図34に示したように，盤に刺さった2本の棒と3つのアーチからなる．

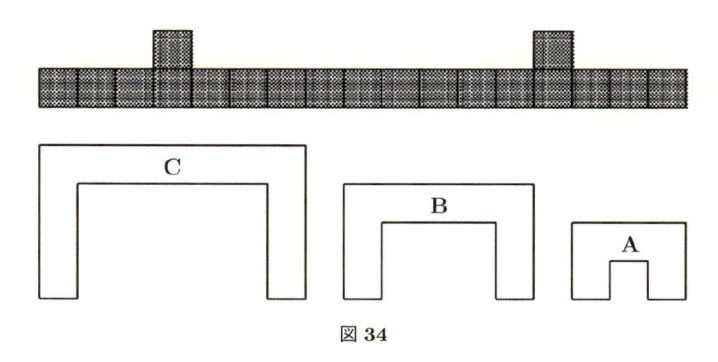

図 34

　初期状態を図35の上に，最終状態を図35の下に表している．

　アーチは一度に1つ，盤のどこにでも動かすことができる．動かしている途中を除き，各アーチの両足の底面は，盤の上に直接かつ水平に置かなければならない．この移動は25手で行うことができる．

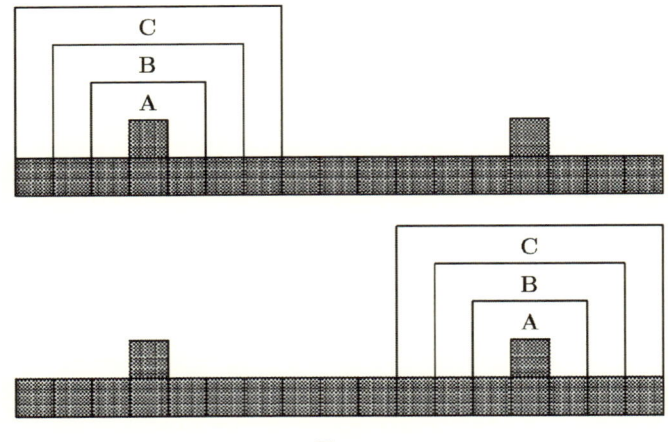

図 35

Y　数に関する2人ゲーム

　3つの問題はすべて，数を使った2人ゲームである．そのようなゲームの中で最も有名なのがニムである．古典的な設定としては，3枚，5枚，7枚のコインの山がある．アンナが先手で，以降アンナとボリスが交互に手を打つ．各手番でプレイヤーは，0枚でない山のうち1つから，何枚か（1枚以上）のコインを取り去らなければならない．最後のコインを取り去ったプレイヤーが勝者となる．

　このゲームをアンナの視点から分析する．初期状態は (3,5,7)，最終状態は (0,0,0) である．アンナが最終状態に到達できれば，アンナの勝ちである．そこで，(0,0,0) を安全状態と呼ぶ．

　それぞれの状態を安全か危険かに分類する．ここで，安全状態に到達できる状態を危険状態とする．(0,0,1)，(0,0,2)，(0,0,3)，(0,0,4)，(0,0,5)，(0,0,6)，(0,0,7) はすべて危険である．なぜなら，アンナがこのような状態をボリスに残してしまうと，ボリスは残っている1つの山を0枚にして，ボリスの勝ちとなるからである．

　ある状態からどのような手を打っても危険状態を導くとき，その状態は安全である．例えば，(0,1,1)，(0,2,2)，(0,3,3)，(0,4,4)，(0,5,5) はすべて安全状態である．(0,1,1) からは，ボリスは危険状態 (0,0,1) に行かねばならない．(0,2,2) からは，ボリスは危険状態 (0,0,2) に行く代わりに，(0,1,2) に行くことができる．しかし，アンナはその後，安全状態 (0,1,1) にすることができる．(0,3,3)，(0,4,4)，(0,5,5) が安全状態であることは容易にわかる．

　より一般的に，同じ枚数の2つの山だけが残っている場合，その状態は明らかに安全である．一方，2つの山の枚数が等しく，残りの山の枚数が0でない場合，もしくは，2

つの山だけが残っていてそれらの枚数が異なる場合，その状態は明らかに危険である．(1,2,3) の状態から到達できるのは，(0,1,2)，(0,1,3)，(0,2,3)，(1,1,2)，(1,1,3)，(1,2,2) のいずれかである．これらはすべて明らかに危険である．したがって，(1,2,3) は安全状態である．

(3,5,7) ゲームでは，88 種類の状態がある．しかし，そのすべてを考慮する必要はない．アンナには，(2,5,7)，(3,4,7)，(3,5,6) のいずれかの状態にするという，3 つの必勝の初手があることがわかる．図 36 の遷移図は，初手で (3,5,6) にした場合のアンナの必勝法を示している．太字で示した各安全状態からは，ボリスの可能な対応すべてを考えなければならない．各危険状態からは，アンナの適切な対応だけを示せばよい．

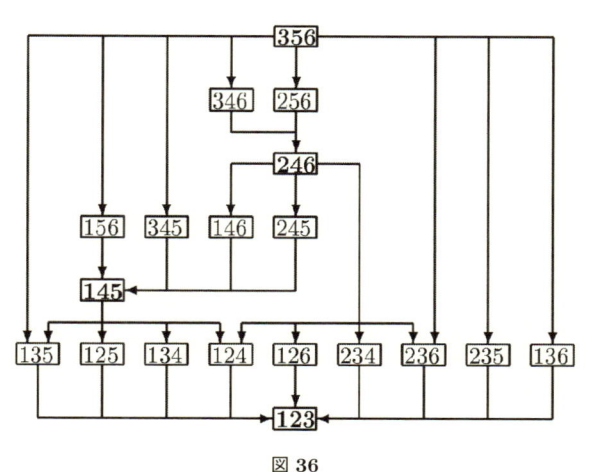

図 36

意欲的な読者は，アンナが初手で (2,5,7) や (3,4,7) にした場合の，同様の遷移図を作成するのもよいだろう．

ニムは，任意の大きさの，3 つ以上の正の整数を用いて遊ぶことができる．明らかに，これまでのような場合分けではうまくいかないだろう．ニムを解く一般的な方法として，**2 進数**（2 を底とする数）を利用した方法が存在する[16]．

Z 幾何に関する2人ゲーム

幾何的な要素を持った最も有名な2人ゲームは間違いなく**三目並べ**である．アンナとボリスが 3×3 のチェス盤に交互に駒を置く．アンナが先手で，赤の駒を置き，そして次にボリスが緑の駒を置く．自分の色の3つの駒で，行，列，対角線のどれかを先に埋めた方が勝ちとなる．前節のニムと違って，このゲームは引き分けがある．実際，どちらのプレイヤーにも必勝法がない．

---

[16] 訳者注：詳しく知りたい読者は，『石取りゲームの数学：ゲームと代数の不思議な関係』（佐藤文広著，数学書房）を参照せよ．

　問題2に対する例題は，この古典的なゲームの変形版である．ある配置を達成することが目標であるが，今回はその対象がS-テトロミノである．他のポリオミノを使うことで，全く新しいゲームを作ることができる．ここでは，正方形の盤に限定する．明らかに，アンナが有利である．

　L-テトロミノの場合を考える．3×3 盤において，アンナは，行も列も埋めることができないので，必ず勝つとは限らない．4×4 盤において，アンナは簡単に勝つことができる．最初の2手で，盤の内側の4つのマスのうち，隣接する2つのマスを得ることが保証される．ボリスが初手で中央のマスを埋めたとき，アンナは隣接する3つの赤の駒を並べることで勝つことができる．もしボリスが初手で端のマスを選べば，アンナはさらに楽な展開になる．

　T-テトロミノの場合，5×5 盤においてアンナに必勝法があるが，4×4 盤においてはない．I-テトロミノの場合，7×7 盤においてアンナに必勝法があるが，6×6 盤においてはない．読者はこれらの結果の検証に取り組んでみよう．

　最も興味深いのは，O-テトロミノの場合である．ボリスはアンナの勝利を防ぐことができるのである（例え，無限の盤面においても！）．彼の単純な戦略は，図37のようなレンガの積み方で，平面を 1×2 の長方形でタイリングすることである．アンナが赤の駒を置くたびに，ボリスは緑の駒をそのレンガの別のマスに置く．O-テトロミノは，1つのレンガを完全に覆わなければならないので，アンナは勝つことができない[17]！

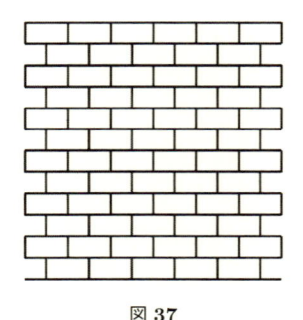

図 **37**

[17]訳者注：さらに詳しく知りたい読者は『パズル・ゲームで楽しむ数学–娯楽数学の世界–』（伊藤大雄著，森北出版）および『箱詰めパズル ポリオミノの宇宙』（ソロモン・ゴロム著，川辺治之訳，日本評論社）を参照せよ．

訳者あとがき

　旧ソ連の数学サークル・数学コンテストで扱われていた問題を題材にした書籍は，すでにいくつかの日本語訳が出版されています．その中でも本書の特長は，数学コンテスト本試験の問題に加えて，それらの問題を分類し，取り組みの手助けとなる例題を与え，さらに発展的な内容を紹介しているところです．この構成は，George Pólya の問題解決における有名な4つのステップ——問題を理解し，計画を立て，計画を実行し，振り返ること——にならっていて，各章のタイトルもそこから借用しています．コンテスト問題から取り組むのはハードルが高いと感じる読者は，例題に取り組むことから始めて，段階的なステップを踏んでコンテスト問題の解答にたどり着くことができます．また，第4章で紹介されている，各単元の問題に関連する問題や話題は，より進んだ内容を知りたい読者に対して「数学探究」への道しるべとなることでしょう．この特長は，本書を教育現場などで使用する場合，対象となる生徒に合わせた題材を提供し，生徒の取り組みを促すことを可能にしています．実際に，われわれも各大学において本書を活用しました．その実践例について述べたいと思います．

　レニングラード数学オリンピアードでは，参加者は自身の答案を試験監督の前で口頭で説明していました．翻訳者二人もこれにならい，ゼミナール形式の授業で本書を取り扱い，事前に問題を解いてきてもらい，それを解説してもらいました．口述形式では，学生の解説において論理に飛躍がある場合に教員がその場で「なぜそうなるの？」と質問を投げかけ，学生の思考を促すことが可能になります．そのような教員からの質問への回答を繰り返すことで，学生の論理的思考力が育てられたのではないかと考えます．また，本書の問題には解法が何通りもあるものが多いです．口述形式をとることで，本書の解答と異なる解答であっても，的確なアドバイスを与えることができました．さらに，「問題内の数字を変えてみたら，どうなるだろうか？」などと問いかけて，さらなる問題につながることもありました．例えば，(1982–4) の問題「2つの正の整数の和が 770 であるとき，これらの積が 770 で割り切れないことを示せ．」という問題に対して，解答の解説をしてもらったあと，770 を別の数に変えたら割り切れることがあるだろうかと問いかけ，その場で考えてもらいました．いくつかの数で試してみると，割り切れる場合とそうでない場

合があることに気づきます．そこで，「n を正の整数とする．2つの正の整数で，それらの和が n であり，それらの積が n で割り切れるものが存在するための必要条件および十分条件は何か？」という問題を考えてみることになりました．（簡単な観察から必要条件がわかり，その必要条件が十分条件になっていることも簡単に示せます．）

「問題を解く」あるいは「問題を一般化する」などのさまざまな場面において，コンピュータの活用を積極的に行いました．例えば，(1982-2) の問題に対する例題の一般化として，「バッタはまず初めに 2 cm 跳ぶ．そして，同じ向きか逆向きに 4 cm 跳ぶ．そして，同じ向きか逆向きに 6 cm 跳ぶ… というように繰り返し跳び続ける．バッタは何回目のジャンプでスタート地点に戻ることができるか？」という問題が考えられます．この問題に対しては 1 回，2 回，3 回，… と地道に調べていくことで，規則性を見つけることができます．（そして，その規則性が成り立つことは数学的帰納法などを用いて証明できます．）規則性を見つける方法として，プログラミングを利用することもできます．その際，「再帰呼び出し」を使うと以下のように非常に簡単になります．（この Python のプログラミングは杜山海久斗さんによるものです．）このプログラムは，2 cm，4 cm，6 cm，… という「初項 2，公差 2 の数列」の初項と公差を別の値に変更できるため，さらなる一般化も考えることができます．これはプログラミングを用いることで得られた効用の 1つだといえます．

```
1 def batta(a,d,n):
2     if n==1:
3         return [a]
4     elif n>1 and isinstance(n,int)==True:
5         return sum([[x-(a+(n-1)*d),x+(a+(n-1)*d)] for x in batta(a,d,n-1)],[])
6
7 for i in range(1,8):
8     print(i,":",batta(2,2,i))
```

また，本書の内容について，関連する書籍をできるだけ多く紹介するように心掛けました．本書と合わせて，それらが読者のより深い「数学探究」につながることを願っています．

最後に，本書の完成に尽力していただいた南一輝氏と三崎一朗氏をはじめ丸善出版株式会社企画・編集部の皆様に心から感謝の意を表します．

2024 年 11 月

山　下　登茂紀

藤　沢　　潤

訳者紹介

山下　登茂紀（やました・ともき）
近畿大学理工学部　教授

藤沢　潤（ふじさわ・じゅん）
慶應義塾大学商学部　教授

レニングラード数学オリンピアード
中学水準問題から数学探究へ

令和 7 年 1 月 30 日　発　行

訳　者　　山　下　登茂紀
　　　　　藤　沢　　潤

発行者　　池　田　和　博

発行所　　丸善出版株式会社
　　　　　〒101-0051 東京都千代田区神田神保町二丁目 17 番
　　　　　編集：電話 (03) 3512-3266／FAX (03) 3512-3272
　　　　　営業：電話 (03) 3512-3256／FAX (03) 3512-3270
　　　　　https://www.maruzen-publishing.co.jp

© Tomoki Yamashita, Jun Fujisawa, 2025

組版印刷・製本／大日本法令印刷株式会社

ISBN 978-4-621-31063-2　C 3041　　　　　　Printed in Japan